BestMasters

Mit „BestMasters" zeichnet Springer die besten Masterarbeiten aus, die an renommierten Hochschulen in Deutschland, Österreich und der Schweiz entstanden sind. Die mit Höchstnote ausgezeichneten Arbeiten wurden durch Gutachter zur Veröffentlichung empfohlen und behandeln aktuelle Themen aus unterschiedlichen Fachgebieten der Naturwissenschaften, Psychologie, Technik und Wirtschaftswissenschaften.

Die Reihe wendet sich an Praktiker und Wissenschaftler gleichermaßen und soll insbesondere auch Nachwuchswissenschaftlern Orientierung geben.

Achim Mees

Zur Robustheit von Konfidenzbereichen und Tests für Erwartungswerte

Mit einem Geleitwort von Prof. Dr. Lutz Mattner

Achim Mees
Trier, Deutschland

BestMasters
ISBN 978-3-658-09033-3   ISBN 978-3-658-09034-0 (eBook)
DOI 10.1007/978-3-658-09034-0

Die Deutsche Nationalbibliothek verzeichnet diese Publikation in der Deutschen Nationalbibliografie; detaillierte bibliografische Daten sind im Internet über http://dnb.d-nb.de abrufbar.

Springer Spektrum

Springer Fachmedien Wiesbaden ist Teil der Fachverlagsgruppe Springer Science+Business Media
(www.springer.com)

Geleitwort

Die Konstruktion von Konfidenzbereichen und Tests für den Erwartungswert unabhängiger und identisch verteilter Beobachtungsgrößen ist ein fundamentales, einerseits direkt praxisrelevantes und andererseits für viele kompliziertere Fragestellungen mustergültiges Problem der Mathematischen Statistik. Exakt gültige und zugleich zumindest einigermaßen effiziente Lösungen dieses Problems existieren bisher nur bei Einschränkung auf eine von wenigen gut handhabbaren Verteilungsannahmen. Von der klassischen, auf Student (1908) zurückgehenden Lösung für den Normalverteilungsfall (Stichwort: t-Test) glauben auch heute noch viele Praktiker nur allzu gerne, dass sie unter nicht näher zu prüfenden Regularitätsannahmen zumindest für große Stichprobenumfänge approximativ gültig sei.

In dieser unter meiner Betreuung entstandenen Masterarbeit von Herrn Achim Mees werden zunächst in Abschnitt 2 die in der Tradition von Bahadur und Savage (1956) stehenden allgemeinen Nichtexistenzsätze bei "zu großen" Verteilungsannahmen von Pfanzagl (1998) ausführlich dargestellt. Die unseres Wissens neuen Ergebnisse der vorliegenden Arbeit finden sich dann in den Abschnitten 3 und 4. Satz 3.4 verbessert ein vorheriges negatives Ergebnis von Lehmann und Loh (1990) in dreifacher Hinsicht: Die Ursache der Nichtrobustheit des t-Tests wird in der Formel (15) klar herausgearbeitet, das Ausmaß der Nichtrobustheit wird präziser angegeben, und die Zusatzannahme der Unimodalität wird als unzureichend für eine Robustheit nachgewiesen. Satz 3.5 überträgt diese Ergebnisse auf die entsprechenden Konfidenzintervalle.

Dagegen wird in der zweiten Hälfte des Abschnitts 3 in den Sätzen 3.12 und 3.13 die Verteilungsannahme der logarithmischen Konkavität als hinreichend für eine approximative Robustheit des t-Tests bei großen Stichprobenumfängen nachgewiesen. Die aus praktischer Sicht noch unbefriedigende Größe der im quantitativen Satz 3.13 auftretenden Konstanten liegt vermutlich nicht in der Sache, sondern zeigt vielmehr einen dringenden Forschungsbedarf im Gebiet der Approximationen von Wahrscheinlichkeitsverteilungen, hier speziell der Normalapproximation von t-Statistiken, auf.

Im abschließenden Abschnitt 4 wird ein bisher anscheinend weitgehend ignoriertes Konfidenzintervall von Guttman (1948) betrachtet, welches außer einer oberen Schranke für die Varianz keine weiteren Verteilungsannahmen benötigt, und dabei meist besser abschneidet als etwa die auf einer zusätzlichen Unimodalitätsannahme beruhenden Intervalle nach Vysochanskii und Petunin (1980).

Wir hoffen hiermit einen fruchtbaren Beitrag zu einem die Mathematische Statistik sicher noch länger beschäftigenden fundamentalen Problem vorzulegen.

Lutz Mattner

V

Institutionsprofil

Die Universität Trier ist eine vorwiegend geistes- und sozialwissenschaftlich geprägte, forschungsaktive und international vernetzte Hochschule mit einem Schwerpunkt in der Geschichte und Gegenwart Europas. Sie ist eine junge, dynamische Campus-Universität, die im Aufbruch ihrer Wiedergründung und aus dem Bewusstsein ihrer über fünfhundertjährigen Tradition lebt. Den Studierenden will die Universität Trier nicht nur Kenntnisse und Fähigkeiten vermitteln, sondern auch Anregungen zu Bildung und eigenständigem Nachdenken geben. Sie versteht sich nicht nur als Ort der Vorbereitung auf die berufliche Tätigkeit, sondern auch als Ort der Partizipation und kritischen Reflexion. Die Universität Trier sichert ihre Autonomie als positives Element in der Zusammenarbeit mit staatlichen, wirtschaftlichen und gesellschaftlichen Partnern.

Das Fach Mathematik an der Universität Trier zeichnet sich durch theoretisch fundierte und anwendungsorientierte Studienfächer und Forschungsbereiche aus. Neben der Statistik und Wahrscheinlichkeitstheorie mit Anwendungen in der Finanzmathematik sind dies Numerik und Optimierung bei partiellen Differentialgleichungen, Operations Research und nichtlineare Optimierung sowie angewandte Analysis und Funktionalanalysis.

Die Forschung der Arbeitsgruppe Mattner befasst sich in erster Linie mit klassischer Mathematischer Statistik einerseits und Approximationen und Ungleichungen der Wahrscheinlichkeitstheorie andererseits, unter starker Betonung grundlegender und auch für die universitäre Lehre relevanter Fragestellungen, und in zweiter Linie mit ausgewählten Anwendungen der Statistik.

Vorwort

Die vorliegende Arbeit behandelt Fragen zur Robustheit von Konfidenzbereichen und Tests. Dabei liegt der Fokus auf Konfidenzbereichen und Tests für den Erwartungswert unabhängiger identisch verteilter Beobachtungsgrößen. Neben der Zusammenfassung und Ausarbeitung bereits bestehender Ergebnisse werden auch zwei unseres Wissens neue Resultate präsentiert. Zum einen wird die Nichtrobustheit des t-Tests und ähnlicher Tests für absolut stetige unimodale Verteilungen auf einem beschränkten Intervall und zum anderen die Robustheit des t-Tests für log-konkave Verteilungen auf der reellen Achse gezeigt. Außerdem werden vier robuste Konfidenzintervalle für Erwartungswerte miteinander verglichen.

An dieser Stelle möchte ich allen Mitarbeitern des Faches Mathematik der Universität Trier für die schöne und lehrreiche Zeit danken. Meiner Familie spreche ich meinen Dank für jegliche Unterstützung und die Ermöglichung des Studiums aus.

Ein besonderer Dank gilt Herrn Prof. Dr. Lutz Mattner für die Betreuung dieser Masterarbeit, insbesondere für die zahlreichen konstruktiven Gespräche und die umfangreiche Unterstützung, die bis zu dieser Veröffentlichung andauerte.

Schließlich möchte ich Springer Spektrum für die unkomplizierte Zusammenarbeit danken.

Achim Mees

Inhaltsverzeichnis

1 Einführung

In der vorliegenden Arbeit werden Robustheitsuntersuchungen für Konfidenzbereiche und Tests mit einem unterschiedlichen Grad an Allgemeinheit durchgeführt. In Abschnitt 2 stellen wir Aussagen über die Nichtexistenz von Konfidenzbereichen für einen interessierenden Parameter, der gewisse Eigenschaften hat, zusammen. Abschnitt 3 ist im Kontext der Testtheorie formuliert und untersucht Robustheitseigenschaften spezieller kritischer Funktionen für den Erwartungswert. In Abschnitt 4 betrachten wir abschließend vier robuste Konfidenzbereiche und vergleichen diese miteinander.

Um obiges zu präzisieren, benötigen wir einige Begriffe. Es sei stets $\mathcal{P}$ eine Menge von Wahrscheinlichkeitsmaßen auf einem Messraum $(\mathcal{X}, \mathcal{A})$. Der Messraum und die Menge werden in den einzelnen Situationen genauer spezifiziert. Wir betrachten im Folgenden jeweils ein Modell von[1] $n \in \mathbb{N}$ unabhängig identisch nach $P \in \mathcal{P}$ verteilten Beobachtungen $X_1, \ldots, X_n$ und schreiben dafür kurz $\mathcal{P}^n := (P^{\otimes n} : P \in \mathcal{P})$. $\mathcal{P}^n$ ist somit ein Modell auf dem Produktraum $(\mathcal{X}^n, \mathcal{A}^{\otimes n})$. Ausgehend von diesem Modell definieren wir einige grundlegende statistische Begriffe. Ein Funktional $\kappa : \mathcal{P} \to \mathbb{R}$ heißt *interessierender Parameter*. Für das *Schätzproblem* $(\mathcal{P}^n, \kappa)$ heißt eine Abbildung $\mathcal{X}^n \ni x \mapsto C(x) \subseteq \mathbb{R}$ mit $\{r \in C\} := \{x \in \mathcal{X}^n : r \in C(x)\} \in \mathcal{A}^{\otimes n}$, $r \in \mathbb{R}$, *Konfidenzbereich* mit *effektivem Konfidenzniveau* $\gamma := \inf_{P \in \mathcal{P}} P^{\otimes n}(\kappa(P) \in C)$. Für eine nichtleere Menge $\mathcal{P}_H \subsetneq \mathcal{P}$ heißt $(\mathcal{P}^n, \mathcal{P}_H)$ *Testproblem* mit der *Hypothese* $\mathcal{P}_H$ und der *Alternative* $\mathcal{P}_A := \mathcal{P} \setminus \mathcal{P}_H$. Eine messbare Funktion $\varphi : \mathcal{X}^n \to [0, 1]$ heißt *kritische Funktion*. $\{0, 1\}$-wertige kritische Funktionen heißen *Tests*. Für eine kritische Funktion zum Testproblem $(\mathcal{P}^n, \mathcal{P}_H)$ heißt $\alpha := \sup_{P \in \mathcal{P}_H} P^{\otimes n} \varphi$ *effektives Niveau*.[2] Jede Zahl $\bar{\alpha} \in [0, 1]$ (meist $\bar{\alpha} \leq 0.1$) heißt *Niveau*.

Betrachten wir zunächst ein Schätzproblem $(\mathcal{P}^n, \kappa)$. Zu einem gegebenen Niveau $\bar{\alpha}$ ist die Angabe eines „möglichst kleinen" Konfidenzbereichs C mit $\gamma \geq 1 - \bar{\alpha}$ wünschenswert, wobei „möglichst klein" auf verschiedene Arten präzisiert wird. Dabei sollte $\bar{\alpha}$ nach Möglichkeit klein sein, damit wir ein Konfidenzniveau nahe bei 1, wie es in der heutigen Statistik üblich ist, einhalten. Es stellt sich nun die Frage, unter welchen Umständen ein solcher $(1 - \bar{\alpha})$-Konfidenzbereich existiert. Eine Vielzahl von Autoren haben zu dieser Fragestellung unterschiedliche Ergebnisse vorgestellt. Viele dieser Ergebnisse sind im Artikel [Pfa98], nach eigenen Angaben geringfügig verbessert, zusammengetragen. Dabei verweist [Pfa98] u. a. auf die Artikel [BS56], [GH87], [Don88] und [DL91]. Der Artikel [Pfa98] liefert lediglich Nichtexistenzaussagen. Die Gründe dieser Nichtexistenzaussagen können sowohl lokale als auch globale Eigenschaften von κ sein. Abschnitt 2 ist der Zusammenfassung dieses Artikels gewidmet.

Nach der Dualität von Tests und Konfidenzbereichen (siehe etwa [Pfa94, S. 158]) ist C genau dann ein $(1 - \bar{\alpha})$-Konfidenzbereich für $(\mathcal{P}^n, \kappa)$, wenn für jedes $r \in \kappa(\mathcal{P})$ der Test $\varphi_r := (r \notin C)$ für das Testproblem $(\mathcal{P}^n, \kappa^{-1}(\{r\}))$ ein effektives Niveau $\alpha \leq \bar{\alpha}$ hat. Obige Fragestellung ist daher äquivalent zur Frage der Existenz von $\bar{\alpha}$-Niveau Tests mit „möglichst großen" Verwerfungsbereichen für eine Familie von Testproblemen. Abschnitt 3 ist daher bis auf Satz 3.5 im Kontext der Testtheorie formuliert. Dabei legen wir den Fokus auf Verteilungen auf der reellen Achse und betrachten Testprobleme für den Erwartungswert κ. Im obigen Modell ist somit $\mathcal{P}$

---

[1] Mit $\mathbb{N} := \{1, 2, 3, \ldots\}$ bezeichnen wir die Menge der natürlichen Zahlen.

[2] Wir verwenden die Notation $Pf := \int f \, dP$ für das P-Integral einer halbintegrierbaren Funktion f.

eine Menge von Wahrscheinlichkeitsmaßen auf dem Messraum[3] $(\mathbb{R}, \mathcal{B}(\mathbb{R}))$ und für $\mu \in \mathbb{R}$ betrachten wir Hypothesen der Form $\mathcal{P}_\mu := \{P \in \mathcal{P} : \kappa(P) = \mu\}$. Nach [BS56] gibt es für die Hypothese $\mathcal{P}_\mu$ keinen „nichttrivialen" $\bar{\alpha}$-Niveau Test, falls $\mathcal{P}$ „relativ groß" ist. Da [BS56] in gewisser Weise die Pionierarbeit dieses Themengebiets ist, stellen wir das entsprechende Resultat in Abschnitt 3 vor. Dabei wird dann auch „relativ groß" auf eine bestimmte Art präzisiert. Mit Hilfe des Resultats von [BS56] lassen sich Nichtexistenzaussagen für eine Vielzahl von Verteilungsannahmen $\mathcal{P}$ beweisen. Tatsächlich gelten diese Nichtexistenzaussagen nicht nur für Tests, sondern für beliebige kritische Funktionen.

Darüber hinaus untersuchen wir in Abschnitt 3 weitere Verteilungsannahmen $\mathcal{P}$, die mit dem Resultat von [BS56] nicht behandelt werden können. Wir zeigen, dass das effektive Niveau spezieller kritischer Funktionen unabhängig vom Stichprobenumfang n nach unten beschränkt ist. Dies ist sogar der Fall, wenn $\mathcal{P}$ die Menge aller absolut stetigen unimodalen Verteilungen auf dem Intervall $]-1, 1[$ ist. Als Spezialfall dieses negativen Resultats hat der t-Test für diese Verteilungsannahme für jeden Stichprobenumfang $n \geq 2$ effektives Niveau $\alpha = 1$ (siehe Satz 3.4 und das daran anschließende Beispiel). Im Kontext von Konfidenzbereichen ist dieses Resultat in Satz 3.5 formuliert.

Zum Abschluss von Abschnitt 3 leiten wir ein positives Resultat für die Menge aller log-konkaven Verteilungen auf der reellen Achse her. Für diese Verteilungsannahme ist der t-Test gleichmäßig robust (siehe Satz 3.12). Die anschließend betrachtete Fehlerabschätzung mittels einer Berry-Esseen-Schranke für die t-Statistik liefert jedoch eine schlechte Fehlerschranke.

In Abschnitt 4 leiten wir aus verschiedenen Ungleichungen robuste Konfidenzintervalle für Erwartungswerte bei verschiedenen Verteilungsannahmen her und vergleichen diese hinsichtlich ihrer erwarteten quadrierten Radien. Der Vergleich des Vysochanskiĭ-Petunin-Intervalls mit dem Guttman-Intervall in Satz 4.2 ist dabei besonders hervorzuheben, da dieser Vergleich nicht der Literatur entnommen ist.

Neben der Wiedergabe und Ausarbeitung bereits bestehender Resultate, die wir mit entsprechenden Literaturangaben versehen, beinhaltet diese Arbeit auch verbesserte bzw. neue Resultate, die hauptsächlich in Satz 3.4 und dem daran anschließenden Beispiel sowie in den Sätzen 3.5, 3.12 und 4.2 formuliert sind.

---

[3]Wir bezeichnen mit $\mathcal{B}(\mathbb{R}^n)$ die σ-Algebra der Borelschen Teilmengen des $\mathbb{R}^n$ und schreiben für $n = 1$ kurz $\mathcal{B}(\mathbb{R})$.

2 Über die Nichtexistenz von Konfidenzbereichen und (lokal) gleichmäßig konsistenten Schätzern nach [Pfa98]

In diesem Abschnitt fassen wir den Artikel [Pfa98] zusammen. Dabei werden einige Beweise detaillierter dargestellt. Im Gegensatz zum Original stellt diese Zusammenfassung jedoch keine Verbindung zu den ursprünglichen Ergebnissen her. Außerdem werden einige Bemerkungen sowie der gesamte Abschnitt 5 nicht behandelt.

Im Folgenden sei stets $\mathcal{P}$ eine Menge von Wahrscheinlichkeitsmaßen auf einem Messraum $(\mathcal{X}, \mathcal{A})$. Identifizieren wir $\mathcal{P}$ mit der Selbstparametrisierung $(P : P \in \mathcal{P})$, so sind alle statistischen Begriffe, gemäß Abschnitt 1 mit $n = 1$, erklärt. Ein Spezialfall ist das Modell unabhängig identisch verteilter Beobachtungen $(P^{\otimes n} : P^{\otimes n} \in \mathcal{P}^n)$ auf dem Messraum $(\mathcal{X}^n, \mathcal{A}^{\otimes n})$.

2.1 Übersicht

Wie bereits in Abschnitt 1 erwähnt, können sowohl lokale als auch globale Eigenschaften von κ für die Nichtexistenz „möglichst kleiner" Konfidenzbereiche verantwortlich sein.

In Abschnitt 2.3 betrachten wir die lokalen Eigenschaften. Falls κ gewisse lokale Eigenschaften bei einem Wahrscheinlichkeitsmaß P_0 aufweist, wird die *Überdeckungswahrscheinlichkeit* $P(\kappa(P) \in C)$ für Wahrscheinlichkeitsmaße P beliebig nahe bei P_0 notwendigerweise klein. Ein erwünschtes effektives Konfidenzniveau kann also wegen diesen lokalen Eigenschaften nicht realisiert werden. Solche Eigenschaften sind, etwas unpräzise ausgedrückt, die Unstetigkeit von κ bei P_0 oder die Existenz einer Extremstelle bei P_0. Eine weitere Folgerung ist die Nichtexistenz einer lokal gleichmäßig konsistenten Folge von Schätzern.

In Abschnitt 2.4 wenden wir die Resultate aus Abschnitt 2.3 auf verschiedene Beispiele an. Abschnitt 2.5 beschäftigt sich schließlich mit globalen Eigenschaften von κ. Wir werden sehen, dass für nicht gleichmäßig stetige Funktionale ein effektives Konfidenzniveau γ nahe bei 1 u. U. nicht realisierbar ist. Analog zu Abschnitt 2.3 folgern wir die Nichtexistenz einer gleichmäßig konsistenten Folge von Schätzern.

2.2 Definitionen und vorbereitende Ergebnisse

Im weiteren Verlauf benötigen wir $C(x) \in \mathcal{B}(\mathbb{R})$ für jedes $x \in \mathcal{X}$ sowie die $\mathcal{A}$-Messbarkeit der Funktionen $\inf C$ und $\sup C$. Um dies zu erhalten, nehmen wir

$$\{(x,r) \in \mathcal{X} \times \mathbb{R} : r \in C(x)\} \in \mathcal{A} \otimes \mathcal{B}(\mathbb{R}) \tag{1}$$

an. Damit folgt direkt $C(x) \in \mathcal{B}(\mathbb{R})$, da $C(x)$ als Schnitt einer messbaren Menge ebenfalls messbar ist. Wir bemerken, dass (1) immer erfüllt ist, falls $C(x)$ für jedes $x \in \mathcal{X}$ ein Intervall mit messbaren Grenzen ist. Um die Messbarkeit der Funktionen $\inf C$ und $\sup C$ zu erhalten, müssen wir neben (1) noch $\mathcal{A} = \mathcal{A}_*$ annehmen.[4] Dies soll hier jedoch nicht weiter ausgeführt werden

---

[4]Mit $\mathcal{A}_*$ bezeichnen wir die σ-Algebra der universell messbaren Mengen.

und wir verweisen stattdessen auf [Pfa98, S. 10].

Definition: Für Wahrscheinlichkeitsmaße P, Q und P_0 auf $(\mathcal{X}, \mathcal{A})$ und $\varepsilon > 0$ definieren wir

    i) $d(P,Q) := \sup\{|P(A) - Q(A)| : A \in \mathcal{A}\}$ (Totalvariationsabstand)

    ii) $\mathcal{P}_\varepsilon(P_0) := \{P \in \mathcal{P} : d(P,P_0) < \varepsilon\}$

    iii) $\mathrm{K}_\varepsilon(P_0) := \kappa(\mathcal{P}_\varepsilon(P_0))$

    iv) $\mathrm{K}(P_0) := \bigcap_{\varepsilon > 0} \mathrm{K}_\varepsilon(P_0)$

    v) $\liminf_{P \to P_0} P(\kappa(P) \in C) := \sup_{\varepsilon > 0} \inf_{P \in \mathcal{P}_\varepsilon(P_0)} P(\kappa(P) \in C)$ (effektives Konfidenzniveau bei P_0)

Dabei muss P_0 nicht notwendig in $\mathcal{P}$ liegen, der Fall $\mathcal{P}_\varepsilon(P_0) = \emptyset$ ist daher möglich.[5] In diesem Fall werden Infima wie oben in v) oder unten in (2) gleich 1 gesetzt; für Infima und Suprema, die sich auf den Raum $\mathbb{R}$ beziehen, setzen wir in üblicher Weise $\inf \emptyset = \infty$ und $\sup \emptyset = -\infty$. $\square$

Wir geben nun obere Schranken für das effektive Konfidenzniveau bei P_0 (Niveau bei P_0) an.

2.1 Lemma: *Für $P \in \mathcal{P}$ und jedes Wahrscheinlichkeitsmaß P_0 auf $(\mathcal{X}, \mathcal{A})$ gilt*

$$\liminf_{P \to P_0} P(\kappa(P) \in C) \leq \sup_{\varepsilon > 0} \inf_{r \in \mathrm{K}_\varepsilon(P_0)} P_0(r \in C) \tag{2}$$

$$\leq \min\{P_0(\inf C \leq \sup_{\varepsilon > 0} \inf \mathrm{K}_\varepsilon(P_0)), P_0(\sup C \geq \inf_{\varepsilon > 0} \sup \mathrm{K}_\varepsilon(P_0))\}. \tag{3}$$

Beweis: Der uninteressante Fall $\mathcal{P}_\varepsilon(P_0) = \emptyset$ für ein $\varepsilon > 0$ ist klar. Wir nehmen daher $\mathcal{P}_\varepsilon(P_0) \neq \emptyset$ für jedes $\varepsilon > 0$ an. Es sei $\delta > 0$ beliebig und $\varepsilon \in \,]0, \delta]$. Für $P \in \mathcal{P}_\delta(P_0)$ und $r \in \mathbb{R}$ gilt

$$P(r \in C) < \delta + P_0(r \in C).$$

Folglich gilt für $\bar{P} \in \mathcal{P}_\varepsilon(P_0)$

$$\inf_{P \in \mathcal{P}_\varepsilon(P_0)} P(\kappa(P) \in C) \leq \bar{P}(\kappa(\bar{P}) \in C) < \delta + P_0(\kappa(\bar{P}) \in C).$$

Da $r := \kappa(\bar{P}) \in \mathrm{K}_\varepsilon(P_0)$ wegen der beliebigen Wahl von $\bar{P}$ beliebig ist, gilt

$$\inf_{P \in \mathcal{P}_\varepsilon(P_0)} P(\kappa(P) \in C) \leq \delta + \inf_{r \in \mathrm{K}_\varepsilon(P_0)} P_0(r \in C).$$

Mittels Supremumsbildung folgt

$$\liminf_{P \to P_0} P(\kappa(P) \in C) \leq \delta + \sup_{\varepsilon > 0} \inf_{r \in \mathrm{K}_\varepsilon(P_0)} P_0(r \in C)$$

und somit (2), da $\delta > 0$ beliebig.

---

[5]Mit $\emptyset$ bezeichnen wir die leere Menge.

Um (3) zu zeigen, setzen wir $\underline{\kappa}(x) := \inf C(x)$. Wegen der Teilmengenbeziehung $C(x) \subseteq [\underline{\kappa}(x), \infty[$ gilt für $\varepsilon > 0$

$$\inf_{r \in K_\varepsilon(P_0)} P_0(r \in C) \leq \inf_{r \in K_\varepsilon(P_0)} P_0(\underline{\kappa} \leq r) = P_0(\underline{\kappa} \leq \inf K_\varepsilon(P_0)),$$

wobei zur Verifizierung der Gleichung die Ungleichung „$\geq$" trivial ist und die Ungleichung „$\leq$" mittels Betrachtung einer fallenden Folge $(r_n)_{n \in \mathbb{N}}$ in $K_\varepsilon(P_0)$ mit $\lim_{n \to \infty} r_n = \inf K_\varepsilon(P_0)$ und der Stetigkeit von oben gezeigt werden kann. Anwendung von $\sup_{\varepsilon > 0}$ auf beiden Seiten liefert mit der Stetigkeit von unten die erste Ungleichung in (3). Die zweite Ungleichung kann analog gezeigt werden. $\qquad\square$

Als erste Folgerung von Lem. 2.1 erhalten wir die folgende Proposition.

2.2 Proposition: *Es seien $P \in \mathcal{P}$, P_0 ein Wahrscheinlichkeitsmaß auf $(\mathcal{X}, \mathcal{A})$, μ ein σ-endliches Maß auf $(\mathbb{R}, \mathcal{B}(\mathbb{R}))$ und $K_\varepsilon(P_0) \in \mathcal{B}(\mathbb{R})$ für jedes $\varepsilon > 0$. Dann gilt*

$$\mu(K(P_0)) \liminf_{P \to P_0} P(\kappa(P) \in C) \leq \int \mu(K(P_0) \cap C(x)) dP_0(x) \tag{4}$$

und somit

$$\liminf_{P \to P_0} P(\kappa(P) \in C) = 0, \quad \textit{falls} \quad \mu(K(P_0)) = \infty \quad \textit{und} \quad \int \mu(K(P_0) \cap C(x)) dP_0(x) < \infty. \tag{5}$$

Beweis: Für $\varepsilon > 0$ und $s \in K_\varepsilon(P_0)$ gilt

$$\inf_{r \in K_\varepsilon(P_0)} P_0(r \in C) \leq P_0(s \in C) = \int (s \in C(x)) dP_0(x).$$

Mittels μ-Integration über $r \in K_\varepsilon(P_0)$ und dem Satz von Fubini erhalten wir

$$\mu(K_\varepsilon(P_0)) \inf_{r \in K_\varepsilon(P_0)} P_0(r \in C) \leq \int \int_{K_\varepsilon(P_0)} (s \in C(x)) d\mu(s) dP_0(x).$$

Die Beziehung $K(P_0) \subseteq K_\varepsilon(P_0)$ liefert

$$\mu(K(P_0)) \inf_{r \in K_\varepsilon(P_0)} P_0(r \in C) \leq \int \mu(K_\varepsilon(P_0) \cap C(x)) dP_0(x).$$

Da die linke Seite fallend, die rechte Seite wachsend in ε ist, erhalten wir mittels Grenzwertbildung ($\varepsilon \to 0$)

$$\mu(K(P_0)) \sup_{\varepsilon > 0} \inf_{r \in K_\varepsilon(P_0)} P_0(r \in C) \leq \lim_{\varepsilon \to 0} \int \mu(K_\varepsilon(P_0) \cap C(x)) dP_0(x) = \int \mu(K(P_0) \cap C(x)) dP_0(x).$$

Die letzte Gleichung ergibt sich aus Grenzwertvertauschung und Stetigkeit von oben. Dabei wird die Grenzwertvertauschung durch die folgende Überlegung gerechtfertigt: Da μ ein σ-endliches Maß ist, existiert eine Folge $(B_k)_{k \in \mathbb{N}}$ von Mengen aus $\mathcal{B}(\mathbb{R})$ mit $\bigcup_{k=1}^{\infty} B_k = \mathbb{R}$ und $\mu(B_k) < \infty$ für jedes $k \in \mathbb{N}$. Mit dem endlichen Maß $\mu_n := \mu(\,\cdot\, \cap \bigcup_{k=1}^{n} B_k)$, $n \in \mathbb{N}$, statt μ gilt die Grenzwertvertauschung mit dem Satz von der majorisierten Konvergenz. Anwendung von $\lim_{n \to \infty}$, Grenzwertvertauschung mit dem Satz von der monotonen Konvergenz und Stetigkeit von unten liefern die Behauptung für μ.

Unter Verwendung von (2) erhalten wir schließlich (4). $\qquad\square$

2.3 Hauptergebnisse

In diesem Abschnitt werden weitere obere Schranken für das Niveau bei P_0 unter zusätzlichen Bedingungen an C und $K_\varepsilon(P_0)$ angegeben. Das erste Resultat bezieht sich auf Funktionale, die in jeder Umgebung von P_0 ihre größten bzw. kleinsten Werte annehmen.

Definition: Der Konfidenzbereich C hat eine nichttriviale obere (untere) Schranke, falls $\sup C < \sup \kappa(\mathcal{P})$ ($\inf C > \inf \kappa(\mathcal{P})$) gilt. $\qquad\square$

2.3 Proposition: *Es gelte* $\sup K_\varepsilon(P_0) = \sup \kappa(\mathcal{P})$ ($\inf K_\varepsilon(P_0) = \inf \kappa(\mathcal{P})$) *für jedes* $\varepsilon > 0$ *und* C *habe eine nichttriviale obere (untere) Schranke* P_0-*f. s. Dann gilt*

$$\liminf_{P \to P_0} P(\kappa(P) \in C) = 0.$$

Beweis: Nach der zweiten Ungleichung in (3) und der Voraussetzung gilt

$$\liminf_{P \to P_0} P(\kappa(P) \in C) \leq P_0(\sup C \geq \inf_{\varepsilon > 0} \sup K_\varepsilon(P_0)) = P_0(\sup C \geq \inf_{\varepsilon > 0} \sup \kappa(\mathcal{P})).$$

Damit folgt die Behauptung, da $\sup C < \inf_{\varepsilon > 0} \sup \kappa(\mathcal{P})$ P_0-f. s. gilt. Der Klammerfall kann analog mittels der ersten Ungleichung in (3) gezeigt werden. $\qquad\square$

Wir wenden nun Prop. 2.3 auf ein einfaches Beispiel an.

Beispiel: Für $n \in \mathbb{N}$ seien $(\mathcal{X}, \mathcal{A}) = (\mathbb{R}^n, \mathcal{B}(\mathbb{R}^n))$, $\mathcal{P} = (N_{\mu,1}^{\otimes n} : \mu > 0)$, $P_0 = N_{0,1}^{\otimes n}$ und $\kappa(N_{\mu,1}^{\otimes n}) = \mu$. Dann gilt $\inf K_\varepsilon(P_0) = \inf \kappa(\mathcal{P}) = 0$ für jedes $\varepsilon > 0$. Nach Prop. 2.3 gibt es daher für das Schätzproblem $(\mathcal{P}, \kappa)$ keinen Konfidenzbereich C mit $\inf C > \inf \kappa(\mathcal{P})$ P_0-f. s. $\qquad\square$

Im Folgenden bezeichnen wir mit $\operatorname{diam} B := \sup\{a - b : a,\, b \in B\}$ den *Durchmesser* einer Menge $B \subseteq \mathbb{R}$.

2.4 Proposition: *Der Konfidenzbereich C sei gleichmäßig beschränkt, im Sinne von* $t_0 := \sup_{x \in \mathcal{X}} \operatorname{diam} C(x) < \infty$. *Des Weiteren sei $P_0 \in \mathcal{P}$ und $K(P_0)$ ein Intervall mit $d_0 := \operatorname{diam} K(P_0) > 2t_0$. Dann gilt*

$$\liminf_{P \to P_0} P(\kappa(P) \in C) \leq \frac{t_0}{\operatorname{diam} K(P_0) - 2t_0} P_0(\kappa(P_0) \notin C). \tag{6}$$

Beweis: Der Fall „$d_0 = \infty$ oder $t_0 = 0$" folgt aus der Anwendung von Prop. 2.2 mit μ gleich dem Lebesgue-Maß.

Im Folgenden nehmen wir daher $d_0 < \infty$ und $t_0 > 0$ an. Sei $m \in \mathbb{N}$ mit $m < d_0/t_0 \leq m + 1$. Wir wählen $t > t_0$ derart, dass $d_0/t > m$ ist und definieren für $i \in \mathbb{Z}$

$$r_i := \kappa(P_0) + it \quad \text{und} \quad A_i := \{r_i \in C\}.$$

Wegen $t > t_0$ sind die Ereignisse A_i, $i \in \mathbb{Z}$, paarweise disjunkt und somit ist

$$\sum_{i \in \mathbb{Z}} P_0(A_i) \leq 1. \tag{7}$$

Da $\mathrm{K}(P_0)$ ein Intervall der Länge d_0 und $m < d_0/t$ ist, enthält die Menge

$$I := \{i \in \mathbb{Z} : r_i \in \mathrm{K}(P_0)\}$$

mindestens m, die Menge $I \setminus \{0\}$ somit mindestens $m - 1$ Elemente. Für $i \in I$ ist $r_i \in \mathrm{K}(P_0) = \bigcap_{\varepsilon > 0} \mathrm{K}_\varepsilon(P_0)$, also $r_i \in \mathrm{K}_\varepsilon(P_0)$ für jedes $\varepsilon > 0$. Folglich gilt für jedes $\varepsilon > 0$ die Ungleichung

$$P_0(A_i) \geq \inf_{r \in \mathrm{K}_\varepsilon(P_0)} P_0(r \in C), \quad i \in I$$

und somit

$$P_0(A_i) \geq \sup_{\varepsilon > 0} \inf_{r \in \mathrm{K}_\varepsilon(P_0)} P_0(r \in C), \quad i \in I.$$

Eine weitere Abschätzung mittels (2) liefert die Ungleichung

$$P_0(A_i) \geq \liminf_{P \to P_0} P(\kappa(P) \in C), \quad i \in I,$$

die wiederum mit (7)

$$(m-1) \liminf_{P \to P_0} P(\kappa(P) \in C) \leq \sum_{i \in I,\, i \neq 0} P_0(A_i) \leq 1 - P_0(A_0) = P_0(r_0 \notin C)$$

impliziert. Unter Verwendung von $m - 1 \geq d_0/t_0 - 2$ erhalten wir mittels Division die Behauptung. $\qquad\square$

Die in (6) angegebene Schranke für das Niveau bei P_0 ist interessant, falls $P_0(\kappa(P_0) \notin C)$ klein ist. Im folgenden Korollar werden die Ergebnisse für Konfidenzbereiche auf Schätzer übertragen.

2.5 Korollar: *Es seien $P_0 \in \mathcal{P}$, $\mathrm{K}(P_0)$ ein nicht-entartetes Intervall und $\hat{\kappa}_n : \mathcal{X}^n \to \mathbb{R}$ eine in P_0 konsistente Folge von Schätzern, d. h. die Folge erfüllt $\lim_{n \to \infty} P_0^{\otimes n}(|\hat{\kappa}_n - \kappa(P_0)| > \varepsilon) = 0$ für jedes $\varepsilon > 0$. Dann ist für $t < \frac{1}{4} \operatorname{diam} \mathrm{K}(P_0)$*

$$\lim_{n \to \infty} \liminf_{P \to P_0} P^{\otimes n}(|\hat{\kappa}_n - \kappa(P)| \leq t) = 0.$$

Beweis: Für $n \in \mathbb{N}$ betrachten wir die Menge $\{P^{\otimes n} : P \in \mathcal{P}\}$ auf dem Produktraum $(\mathcal{X}^n, \mathcal{A}^{\otimes n})$, das Funktional $\kappa_n(P^{\otimes n}) := \kappa(P)$ sowie das Konfidenzintervall[6]

$$C_n := [\hat{\kappa}_n - t, \hat{\kappa}_n + t], \quad t < \frac{1}{4} \operatorname{diam} \mathrm{K}(P_0)$$

---

[6]Das Funktional κ_n ist wohldefiniert, da $P \mapsto P^{\otimes n}$ injektiv ist.

und wenden Prop. 2.4 an. Mit $t_0 = \sup_{x \in \mathcal{X}^n} \operatorname{diam} C_n(x) = 2t$ und der Einschränkung von t sind die entsprechenden Voraussetzungen erfüllt und wir erhalten

$$\liminf_{P \to P_0} P^{\otimes n}(|\hat{\kappa}_n - \kappa(P)| \le t) = \liminf_{P \to P_0} P^{\otimes n}(\kappa(P) \in C_n)$$

$$\le \frac{t_0}{\operatorname{diam} \mathrm{K}(P_0) - 2t_0} P_0^{\otimes n}(\kappa(P_0) \notin C_n)$$

$$= \frac{2t}{\operatorname{diam} \mathrm{K}(P_0) - 4t} P_0^{\otimes n}(|\hat{\kappa}_n - \kappa(P_0)| > t).$$

Wegen der Konsistenz von $\hat{\kappa}_n$ in P_0 strebt die rechte Seite gegen 0 für $n \to \infty$ und es folgt die Behauptung. $\qquad\square$

2.6 Korollar: *Unter den Voraussetzungen von Kor. 2.5 existiert keine in P_0 lokal gleichmäßig konsistente Folge von Schätzern.*

Beweis: Um dies zu zeigen, nehmen wir die Existenz einer solchen Folge an, d. h. es gibt ein $\delta > 0$ mit

$$\lim_{n \to \infty} \sup_{P \in \mathcal{P}_\delta(P_0)} P^{\otimes n}(|\hat{\kappa}_n - \kappa(P)| > t|) = 0 \quad \text{für jedes } t > 0.$$

Mittels Komplementierung folgt aus Kor. 2.5 für jedes $t < \frac{1}{4}\operatorname{diam} \mathrm{K}(P_0)$

$$1 = \lim_{n \to \infty} \inf_{\varepsilon > 0} \sup_{P \in \mathcal{P}_\varepsilon(P_0)} P^{\otimes n}(|\hat{\kappa}_n - \kappa(P)| > t|)$$

$$\le \lim_{n \to \infty} \sup_{P \in \mathcal{P}_\delta(P_0)} P^{\otimes n}(|\hat{\kappa}_n - \kappa(P)| > t|) = 0.$$

Dies ist der gewünschte Widerspruch. $\qquad\square$

2.4 Beispiele

In diesem Abschnitt wenden wir die Resultate aus Abschnitt 2.3 auf verschiedene Beispiele an. Jedes der drei Beispiele beinhaltet ein Schätzproblem $(\mathcal{P}, \kappa)$ mit einem unstetigen Funktional κ. Die Unstetigkeit wird zur Anwendung von Prop. 2.4 und Kor. 2.5 benötigt. Dies zeigen wir in dem „recht allgemeinen" Beispiel 1. In den Beispielen 2 und 3, die Spezialfälle von Beispiel 1 sind, wenden wir zusätzlich Prop. 2.3 an. Es sei erwähnt, dass die Unstetigkeit zur Anwendung von Prop. 2.3 im Allgemeinen nicht benötigt wird. In den folgenden Beispielen sei stets $P_0 \in \mathcal{P}$.

Beispiel 1: Es sei $\mathcal{P}$ eine konvexe Menge, d. h. für $Q_0, Q_1 \in \mathcal{P}$ ist

$$Q_\vartheta := (1 - \vartheta)Q_0 + \vartheta Q_1 \in \mathcal{P}, \quad \vartheta \in [0,1].$$

Die Konvexität von $\mathcal{P}$ impliziert die Konvexität von $\mathcal{P}_\varepsilon(P_0)$, da $d(Q_\vartheta, P_0) \le \max\{d(Q_0, P_0), d(Q_1, P_0)\}$ ist. Wir betrachten nun ein Funktional κ mit den Eigenschaften:

i) κ ist unstetig in $Q_0 \in \mathcal{P}$

ii) $[0,1] \ni \vartheta \mapsto \kappa(Q_\vartheta)$ ist stetig

Die Eigenschaft ii) impliziert, dass $\kappa(\mathcal{P})$, $K_\varepsilon(P_0)$ und $K(P_0)$ Intervalle sind. Ist zusätzlich P_0 eine Unstetigkeitsstelle von κ, so ist das Intervall $K(P_0)$ sogar nicht-entartet. Damit sind Prop. 2.4, Kor. 2.5 und Kor. 2.6 anwendbar, demnach kann im hier vorliegenden Rahmen beispielsweise eine in P_0 konsistente Folge von Schätzern niemals in P_0 lokal gleichmäßig konsistent sein. $\qquad\square$

Beispiel 2: Sei nun $\mathcal{P}$ die Menge aller Wahrscheinlichkeitsmaße P auf $(\mathbb{R}, \mathcal{B}(\mathbb{R}))$ mit positiver stetiger Lebesgue-Dichte und endlichem Erwartungswert, d. h. $\int |x| dP(x) < \infty$. Offenbar ist die Menge konvex, denn für $P, Q \in \mathcal{P}$ mit stetigen Lebesgue-Dichten $p, q > 0$ und $\vartheta \in [0,1]$ hat

$$R := (1 - \vartheta)P + \vartheta Q$$

die positive stetige Lebesgue-Dichte

$$r := (1 - \vartheta)p + \vartheta q$$

und es gilt

$$\int |x| dR(x) = (1 - \vartheta) \int |x| dP(x) + \vartheta \int |x| dQ(x) < \infty.$$

Als interessierenden Parameter betrachten wir den Erwartungswert

$$\kappa(P) := \int x \, dP(x).$$

Es ist $\kappa(\mathcal{P}) = \mathbb{R}$ und es gilt die Beziehung

$$\kappa((1 - \vartheta)P_0 + \vartheta P) = (1 - \vartheta)\kappa(P_0) + \vartheta \kappa(P), \quad \vartheta \in [0,1], \quad P \in \mathcal{P}. \tag{8}$$

Somit erhalten wir $K_\varepsilon(P_0) = \mathbb{R}$ für $\varepsilon > 0$, denn wegen $d((1 - \vartheta)P_0 + \vartheta P, P_0) \leq \vartheta$ gilt $(1 - \vartheta)P_0 + \vartheta P \in \mathcal{P}_\varepsilon(P_0)$ für $\varepsilon > \vartheta$. Das Funktional κ nimmt also in jeder beliebigen Umgebung von P_0 bereits alle möglichen Werte an. Es handelt sich daher um ein unstetiges Funktional. Die Eigenschaft i) ist also erfüllt. Außerdem sind die Voraussetzungen von Prop. 2.3, $\sup K_\varepsilon(P_0) = \sup \kappa(\mathcal{P})$ und $\inf K_\varepsilon(P_0) = \inf \kappa(\mathcal{P})$, erfüllt. Es gilt somit

$$\liminf_{P \to P_0} P(\kappa(P) \in C) = 0, \tag{9}$$

falls der Konfidenzbereich C eine nichttriviale obere oder untere Schranke P_0-f. s. aufweist. Anders ausgedrückt gibt es keinen Konfidenzbereich zu einem positiven effektiven Konfidenzniveau bei P_0 mit nichttrivialen Schranken P_0-f. s.

Neben i) ist auch ii) erfüllt. Dies folgt direkt aus Gleichung (8). Folglich erhalten wir die gleichen Resultate wie in Beispiel 1. $\qquad\square$

Das Resultat (9) impliziert $\inf_{P \in \mathcal{P}} P(\kappa(P) \in C) = 0$ für einen Konfidenzbereich C mit einer nichttrivialen oberen oder unteren Schranke P_0-f. s. Dies erhält man auch mit dem Resultat von Bahadur & Savage (vgl. Satz 3.1) angewandt auf Konfidenzbereiche. Das entsprechende Korollar findet man in [BS56, Cor. 3].

Beispiel 3: In diesem Beispiel sei $\mathcal{P}$ die Menge aller Wahrscheinlichkeitsmaße P auf $(\mathbb{R}, \mathcal{B}(\mathbb{R}))$ mit positiver stetiger Lebesgue-Dichte p, für die $\int p^2(x)dx < \infty$ gilt. Diese Menge ist konvex, denn mit den Bezeichnungen aus Beispiel 2 und der Linearität des Integrals ist für $\vartheta \in [0,1]$

$$\int r^2(x)dx = (1-\vartheta)^2 \int p^2(x)dx + 2\vartheta(1-\vartheta) \int p(x)q(x)dx + \vartheta^2 \int q^2(x)dx < \infty. \qquad (10)$$

Dabei kann das zweite Integral in der Mitte mittels der Cauchy-Schwarz-Ungleichung abgeschätzt werden. Als interessierenden Parameter betrachten wir

$$\kappa(P) := \int p^2(x)dx.$$

Betrachten wir weiter für $\sigma \in {]0,\infty[}$ die Skalierung $\frac{1}{\sigma}p(x/\sigma)$, erhalten wir mittels Substitution $\frac{1}{\sigma^2}\int p^2(x/\sigma)dx = \frac{1}{\sigma}\int p^2(x)dx$ und somit $\kappa(\mathcal{P}) = {]0,\infty[}$. Analog zu (10) mit anderen Bezeichnungen gilt für $\vartheta \in [0,1]$

$$\kappa((1-\vartheta)P_0 + \vartheta P) = (1-\vartheta)^2 \kappa(P_0) + 2\vartheta(1-\vartheta) \int p_0(x)p(x)dx + \vartheta^2 \kappa(P). \qquad (11)$$

Aus (11) und $\kappa(\mathcal{P}) = {]0,\infty[}$ folgt

$$\sup\{\kappa((1-\vartheta)P_0 + \vartheta P) : P \in \mathcal{P}\} = \sup \kappa(\mathcal{P}), \quad \vartheta \in {]0,1]}.$$

Wegen $d((1-\vartheta)P_0 + \vartheta P, P_0) \le \vartheta$ impliziert dies

$$\sup \mathrm{K}_\varepsilon(P_0) = \sup \mathcal{P}, \quad \varepsilon > 0,$$

und mit Prop. 2.3 schließlich (9), falls der Konfidenzbereich eine nichttriviale obere Schranke P_0-f. s. hat. Für das Schätzproblem $(\mathcal{P}, \kappa)$ gibt es keinen Konfidenzbereich zu einem positiven effektiven Konfidenzniveau bei P_0 mit nichttrivialer oberer Schranke P_0-f. s.

Wir zeigen nun, dass das vorliegende Beispiel ein Spezialfall von Beispiel 1 ist. Da $\mathcal{P}$ konvex ist, müssen wir nur die geforderten Eigenschaften des Funktionals κ verifizieren. Zunächst weisen wir die Unstetigkeit nach und betrachten dazu eine Folge von Dreiecksverteilungen mit Lebesgue-Dichten

$$g_m(x) := \begin{cases} m^4 x + m^2, & x \in [-1/m^2, 0], \\ -m^4 x + m^2, & x \in {]0, 1/m^2]}, \qquad m \in \mathbb{N}, \\ 0, & \text{sonst,} \end{cases}$$

und konstruieren eine weitere Folge $(P_m)_{m \in \mathbb{N}\setminus\{1\}}$ mit Lebesgue-Dichten[7]

$$f_m := \frac{m-1}{m}\varphi + \frac{1}{m}g_m, \quad m \in \mathbb{N}\setminus\{1\}.$$

Damit ist $(P_m)_{m \in \mathbb{N}\setminus\{1\}}$ eine Folge in $\mathcal{P}$ und wegen

$$f_m \to \varphi \quad \text{f. s.,} \quad m \to \infty,$$

---

[7]Mit φ bezeichnen wir in diesem Beispiel die Dichte der Standardnormalverteilung.

gilt

$$d(P_m, N_{0,1}) \to 0, \quad m \to \infty.$$

Mit

$$\int g_m^2(x)dx = \frac{2}{3}m^2 \quad \text{und} \quad \int \varphi(x)g_m(x)dx \to \varphi(0), \quad m \to \infty,$$

ist jedoch

$$\begin{aligned}
\kappa(P_m) &= \int f_m^2(x)dx \\
&= (\frac{m-1}{m})^2 \int \varphi^2(x)dx + \frac{2(m-1)}{m^2} \int \varphi(x)g_m(x)dx + \frac{1}{m^2} \int g_m^2(x)dx \\
&\to \int \varphi^2(x)dx + \frac{2}{3} \\
&\neq \kappa(N_{0,1}), \quad m \to \infty.
\end{aligned}$$

Damit ist die Unstetigkeit von κ gezeigt. Die Eigenschaft ii) folgt direkt aus (11) und die Resultate aus Beispiel 1 sind somit verwendbar. Ist also P_0 eine Unstetigkeitsstelle von κ, kann eine in P_0 konsistente Folge von Schätzern niemals in P_0 lokal gleichmäßig konsistent sein. $\qquad\square$

2.5 Globale Grenzen

In diesem Abschnitt leiten wir obere Schranken für das effektive Niveau $\gamma = \inf_{P \in \mathcal{P}} P(\kappa(P) \in C)$ her. Die Ungleichung in Prop. 2.8 ist dabei lediglich für nicht gleichmäßig stetige Funktionale aussagekräftig. Für solche Funktionale existiert u. U. kein gleichmäßig beschränkter Konfidenzbereich (d. h. $\sup_{x \in \mathcal{X}} \operatorname{diam} C(x) < \infty$) mit effektivem Niveau γ, das nahe bei 1 liegt. In einem abschließenden Beispiel werden wir sehen, dass sogar $\gamma = 0$ auftreten kann. Die folgenden Resultate unterliegen der folgenden zusätzlichen Annahme.

Annahme: Für jedes $\varepsilon > 0$ und jedes $P \in \mathcal{P}$ sei $K_\varepsilon(P)$ ein Intervall.

Für $\varepsilon > 0$ definieren wir

$$D_\varepsilon := \{\kappa(P) - \kappa(Q) : P, Q \in \mathcal{P}, \ \kappa(P) \geq \kappa(Q), \ d(P,Q) < \varepsilon\}$$

und

$$D := \bigcap_{\varepsilon > 0} D_\varepsilon.$$

Man rechnet leicht nach, dass

$$D_\varepsilon = \bigcup_{P \in \mathcal{P}} (K_\varepsilon(P) - \kappa(P)) \cap [0, \infty[\tag{12}$$

gilt. Mit der obigen Annahme impliziert diese Darstellung, dass die Mengen D_ε und somit die Menge D Intervalle sind, die 0 enthalten. Dabei ist D genau dann nicht-entartet, d. h. $D \neq \{0\}$, wenn κ nicht gleichmäßig stetig ist.

2.7 Lemma: *Für jedes $P \in \mathcal{P}$ und $\varepsilon > 0$ sei $\mathrm{K}_\varepsilon(P)$ ein Intervall. Dann gilt*

$$\inf_{P \in \mathcal{P}} P(\kappa(P) \in C) \leq \sup_{P \in \mathcal{P}} \inf_{r \in [0,s]} P(r \in C - \kappa(P)), \quad s \in D.$$

Beweis: Für $s \in D$ und $\varepsilon > 0$ ist $s \in D_\varepsilon$. Nach (12) existiert somit ein $Q_{s,\varepsilon} \in \mathcal{P}$ mit $s \in \mathrm{K}_\varepsilon(Q_{s,\varepsilon}) - \kappa(Q_{s,\varepsilon})$. Da $\mathrm{K}_\varepsilon(Q_{s,\varepsilon}) - \kappa(Q_{s,\varepsilon})$ ein Intervall ist, das 0 und s enthält, gilt $r \in \mathrm{K}_\varepsilon(Q_{s,\varepsilon}) - \kappa(Q_{s,\varepsilon})$ für jedes $r \in [0,s]$. Somit existiert für $r \in [0,s]$ ein $P_{r,\varepsilon} \in \mathcal{P}_\varepsilon(Q_{s,\varepsilon})$ mit $\kappa(P_{r,\varepsilon}) - \kappa(Q_{s,\varepsilon}) = r$. Damit erhalten wir

$$P_{r,\varepsilon}(\kappa(P_{r,\varepsilon}) \in C) \leq \varepsilon + Q_{s,\varepsilon}(\kappa(P_{r,\varepsilon}) \in C) = \varepsilon + Q_{s,\varepsilon}(r \in C - \kappa(Q_{s,\varepsilon})), \quad r \in [0,s]$$

und folglich

$$\inf_{P \in \mathcal{P}} P(\kappa(P) \in C) \leq \varepsilon + \inf_{r \in [0,s]} Q_{s,\varepsilon}(r \in C - \kappa(Q_{s,\varepsilon})).$$

Mittels einer Abschätzung der rechten Seite folgt

$$\inf_{P \in \mathcal{P}} P(\kappa(P) \in C) \leq \varepsilon + \sup_{P \in \mathcal{P}} \inf_{r \in [0,s]} P(r \in C - \kappa(P))$$

und somit die Behauptung, da $\varepsilon > 0$ beliebig gewählt war. $\qquad\square$

2.8 Proposition: *Mit den Voraussetzungen aus Lemma 2.7 gilt*[8]

$$\lambda(D) \inf_{P \in \mathcal{P}} P(\kappa(P) \in C) \leq \sup_{P \in \mathcal{P}} \int \lambda(C(x)) dP(x)$$

und somit

$$\inf_{P \in \mathcal{P}} P(\kappa(P) \in C) = 0, \quad falls \quad \lambda(D) = \infty \quad und \quad \sup_{P \in \mathcal{P}} \int \lambda(C(x)) dP(x) < \infty. \tag{13}$$

Wir bemerken noch, dass obige Ungleichung im Fall $\lambda(D) = 0$ keine Aussage über das effektive Konfidenzniveau zulässt. Der interessante Fall $\lambda(D) > 0$ liegt vor, falls κ ein nicht gleichmäßig stetiges Funktional ist.

Beweis: Für $\varepsilon > 0$ und $s \in D$ existiert nach Lem. 2.7 ein $P_\varepsilon \in \mathcal{P}$ mit

$$\inf_{P \in \mathcal{P}} P(\kappa(P) \in C) - \varepsilon \leq \inf_{r \in [0,s]} P_\varepsilon(r \in C - \kappa(P_\varepsilon))$$

und folglich

$$\inf_{P \in \mathcal{P}} P(\kappa(P) \in C) - \varepsilon \leq P_\varepsilon(r \in C - \kappa(P_\varepsilon)), \quad r \in [0,s].$$

---

[8]Mit λ bezeichnen wir in Prop. 2.8 und im anschließenden Beispiel das Lebesgue-Maß.

Mit λ-Integration über $r \in [0,s]$, Fubini und der Translationsinvarianz des Lebesgue-Maßes folgt

$$s \cdot \Big(\inf_{P \in \mathcal{P}} P(\kappa(P) \in C) - \varepsilon \Big) \leq \int \int\limits_{[0,s]} (r \in C(x) - \kappa(P_\varepsilon)) d\lambda(r) dP_\varepsilon(x)$$

$$= \int \lambda\big([0,s] \cap (C(x) - \kappa(P_\varepsilon))\big) dP_\varepsilon(x)$$

$$\leq \int \lambda(C(x)) dP_\varepsilon(x)$$

$$\leq \sup_{P \in \mathcal{P}} \int \lambda(C(x)) dP(x).$$

Da $\varepsilon > 0$ und $s \in D$ beliebig gewählt werden können, folgt die Behauptung, indem wir $s = \sup D$ wählen. $\qquad\square$

Definition und Bemerkung:

i) Eine Folge $\hat\kappa_n : \mathcal{X}^n \to \mathbb{R}$ von Schätzern heißt *gleichmäßig konsistent*, wenn

$$\lim_{n \to \infty} \sup_{P \in \mathcal{P}} P^{\otimes n}(|\hat\kappa_n - \kappa(P)| > t) = 0 \quad \text{für jedes} \quad t > 0$$

gilt.

ii) Für nicht gleichmäßig stetige Funktionale $(D \neq \{0\})$ existiert keine gleichmäßig konsistente Folge von Schätzern.

Zur Begründung von ii) betrachten wir für $n \in \mathbb{N}$ die Menge $\{P^{\otimes n} : P \in \mathcal{P}\}$ auf dem Produktraum $(\mathcal{X}^n, \mathcal{A}^{\otimes n})$, das Funktional $\kappa_n(P^{\otimes n}) := \kappa(P)$ sowie das Konfidenzintervall

$$C_n := [\hat\kappa_n - t, \hat\kappa_n + t], \quad t > 0.$$

Da κ nicht gleichmäßig stetig und somit $\lambda(D) > 0$ ist, erhalten wir mittels Prop. 2.8

$$\inf_{P \in \mathcal{P}} P^{\otimes n}(|\hat\kappa_n - \kappa(P)| \leq t) \leq \frac{2t}{\lambda(D)}, \quad t > 0.$$

Dies gilt auch im Fall $\lambda(D) = \infty$. Mittels Komplementierung erhalten wir die äquivalente Aussage

$$\sup_{P \in \mathcal{P}} P^{\otimes n}(|\hat\kappa_n - \kappa(P)| > t) \geq 1 - \frac{2t}{\lambda(D)}, \quad t > 0.$$

Für $t < \frac{1}{2}\lambda(D)$ ist $1 - \frac{2t}{\lambda(D)} > 0$, was die Existenz einer gleichmäßig konsistenten Folge von Schätzern ausschließt. $\qquad\square$

Im folgenden Beispiel wenden wir Prop. 2.8 auf sogenannte Lokations-Skalen-Familien an. Es stellt sich heraus, dass es für den Lokations-Parameter keinen gleichmäßig beschränkten Konfidenzbereich ($\sup_{x \in \mathcal{X}} \operatorname{diam} C(x) < \infty$) zu einem effektiven Niveau $\gamma > 0$ gibt.

Beispiel: Es sei p eine Lebesgue-Dichte und $P_{\mu,\sigma}$ sei das Wahrscheinlichkeitsmaß mit der Dichte

$$x \mapsto \frac{1}{\sigma} p\left(\frac{x-\mu}{\sigma}\right), \quad \mu \in \mathbb{R}, \quad \sigma > 0.$$

Wir betrachten das Schätzproblem $(\mathcal{P}, \kappa)$ mit

$$\mathcal{P} := (P_{\mu,\sigma} : \mu \in \mathbb{R}, \sigma > 0) \quad \text{und} \quad \kappa(P_{\mu,\sigma}) := \mu.$$

Zur Anwendung von Prop. 2.8 müssen wir die Menge D angeben. Dazu berechnen wir zunächst

$$\begin{aligned}
d(P_{\mu_1,\sigma}, P_{\mu_2,\sigma}) &= \frac{1}{2} \int \frac{1}{\sigma} \left| p\left(\frac{x-\mu_1}{\sigma}\right) - p\left(\frac{x-\mu_2}{\sigma}\right) \right| dx \\
&= \frac{1}{2} \int \left| p\left(\frac{\sigma x + \mu_2 - \mu_1}{\sigma}\right) - p(x) \right| dx \\
&= \frac{1}{2} \int |p(x+\delta) - p(x)| \, dx \\
&=: \psi(\delta), \quad \delta := \frac{\mu_2 - \mu_1}{\sigma}.
\end{aligned}$$

Da die Abbildung $\mathbb{R} \ni \delta \mapsto p(\,\cdot\,+\delta) - p \in \mathcal{L}^1$ stetig ist (vgl. [Rud74, Thm. 9.5, S. 196]), ist ψ als Komposition stetiger Abbildungen stetig und es gilt $\psi(0) = 0$. Damit erhalten wir für $\varepsilon > 0$

$$D_\varepsilon = \{\mu_2 - \mu_1 : \mu_i \in \mathbb{R}, \mu_2 \geq \mu_1, \sigma > 0, d(P_{\mu_1,\sigma}, P_{\mu_2,\sigma}) < \varepsilon\} = [0, \infty[$$

und somit $D = [0, \infty[$. Mit Prop. 2.8 gilt daher

$$\inf_{\mu \in \mathbb{R}, \sigma > 0} P_{\mu,\sigma}(\mu \in C) = 0,$$

falls $\sup_{x \in \mathcal{X}} \operatorname{diam} C(x) < \infty$ gilt. Denn dann ist auch $\sup_{P \in \mathcal{P}} \int \lambda(C(x)) dP(x) < \infty$ erfüllt und (13) daher anwendbar. $\qquad\square$

3 Nichtrobustheit des t-Tests und ähnlicher Tests für unimodale Verteilungen, Robustheit des t-Tests für log-konkave Verteilungen

Zu Beginn dieses Abschnitts stellen wir das Ergebnis von Bahadur & Savage vor (vgl. [BS56, Thm. 1]). Obwohl das Resultat auch auf Schätzer und Konfidenzbereiche angewandt werden kann, beschränken wir uns hier auf den Rahmen der Testtheorie. Im Folgenden sei $\mathcal{P}$ eine Menge von Verteilungen auf der reellen Achse und für $\mu \in \mathbb{R}$ sei $\mathcal{P}_\mu$ die Menge aller P aus $\mathcal{P}$ mit Erwartungswert μ. Nach [BS56] ist die Angabe „nichttrivialer" kritischer Funktionen für das Testproblem $(\mathcal{P}^n, \mathcal{P}_\mu)$ unmöglich, falls die Menge $\mathcal{P}$ hinreichend groß ist, also wenig über die zugrundeliegende Verteilung bekannt ist. Anschließend leiten wir mit Hilfe bekannter Resultate die in Abschnitt 1 genannten neuen Resultate her.

Bevor wir nun konkreter werden, verweisen wir noch auf den Artikel [Rom04]. Dort ist ein Abschnitt der Verallgemeinerung des Resultats von Bahadur & Savage gewidmet. Mit dieser Verallgemeinerung lässt sich die Nichtexistenz „nichttrivialer" Tests für eine Vielzahl von Testproblemen beweisen. Solche Testprobleme sind z. B. das Testen, ob der Erwartungswert endlich oder unendlich ist, ob der Erwartungswert rational oder irrational ist etc. Da wir uns in der vorliegenden Arbeit mit der Konstruktion von Tests für den Erwartungswert beschäftigen, geben wir uns mit dem klassischen Resultat zufrieden.

3.1 Satz: *(**Bahadur & Savage, 1956**) Es sei $\mathcal{P}$ eine Menge von Verteilungen auf $\mathbb{R}$ mit den Eigenschaften:*

> *i) Für jedes $P \in \mathcal{P}$ ist $\int |x|\, dP(x) < \infty$.*
>
> *ii) Für jedes $r \in \mathbb{R}$ existiert ein $P \in \mathcal{P}$ mit $\kappa(P) := \int x\, dP(x) = r$.*
>
> *iii) Die Menge $\mathcal{P}$ ist konvex, d. h. für $P_1, P_2 \in \mathcal{P}$ und $\vartheta \in [0,1]$ ist $\vartheta P_1 + (1-\vartheta) P_2 \in \mathcal{P}$.*

Für jedes $\mu \in \mathbb{R}$ sei $\mathcal{P}_\mu$ die Menge aller $P \in \mathcal{P}$ mit $\kappa(P) = \mu$. Des Weiteren sei φ eine beschränkte reellwertige Funktion auf dem Stichprobenraum $\mathbb{R}^n$. Dann sind $\sup_{P \in \mathcal{P}_\mu} P^{\otimes n} \varphi$ und $\inf_{P \in \mathcal{P}_\mu} P^{\otimes n} \varphi$ unabhängig von μ. $\quad\square$

Nach diesem Satz ist die *Gütefunktion* $\mathcal{P} \ni P \mapsto P^{\otimes n} \varphi$ einer $\bar{\alpha}$-Niveau kritischen Funktion φ nach oben durch $\bar{\alpha}$ beschränkt, die Konstruktion einer „nichttrivialen" kritischen Funktion ist somit ausgeschlossen, falls $\mathcal{P}$ die Eigenschaften i)-iii) erfüllt. Dabei kann $\mathcal{P}$ z. B. die Menge aller Verteilungen auf $\mathbb{R}$ sein mit endlichem Erwartungswert oder mit unendlich vielen endlichen Momenten. Im jeweiligen Fall genügt es, die absolut stetigen Verteilungen zu betrachten. Eine weitere Einschränkung von $\mathcal{P}$ wäre die Betrachtung entsprechender Verteilungen mit positiver stetiger Lebesgue-Dichte. Die Menge aller Wahrscheinlichkeitsmaße auf $\mathbb{R}$ mit kompaktem Träger wäre ein weiterer Kandidat für $\mathcal{P}$.

Satz 3.1 ist hingegen nicht anwendbar, wenn $\mathcal{P}$ die Menge aller Verteilungen auf $\mathbb{R}$ mit beschränktem fixem Intervall als Träger ist, da Eigenschaft ii) nicht erfüllt ist. Das Gleiche gilt für die Menge aller symmetrischen Verteilungen, da diese Eigenschaft iii) nicht erfüllt. Daher wäre die Untersuchung bestimmter Tests, z. B. des t-Tests, für diese Mengen sinnvoll, da die Existenz „nichttrivialer" Tests nicht mittels Satz 3.1 ausgeschlossen werden kann. Nach [Rom04, Ex. 10, S. 576] ist der t-Test für die Menge aller symmetrischen Verteilungen nicht gleichmäßig robust (vgl. (25)). Statt nur den t-Test hinsichtlich der anderen Menge zu untersuchen, gehen wir einen Schritt weiter und betrachten in Satz 3.4 spezielle kritische Funktionen, deren effektives Niveau bei bestimmten Verteilungsannahmen $\mathcal{P}_j$, die die Eigenschaften i)-iii) nicht erfüllen, nach unten beschränkt ist. Der t-Test kann als Spezialfall dieser kritischen Funktionen betrachtet werden. Wie in Abschnitt 1 erwähnt, stellt dabei die Menge aller absolut stetigen unimodalen Verteilungen auf $]-1,1[$ die kleinste hier betrachtete Verteilungsannahme dar. Wir geben nun eine allgemeine Definition der Unimodalität für Verteilungen auf der reellen Achse an (vgl. [DJ-D88, Def. 1.1]).

3.2 Definition: *Eine Verteilung auf $\mathbb{R}$ heißt unimodal bezüglich einer Stelle x, wenn ihre Verteilungsfunktion konvex auf $]-\infty,x[$ und konkav auf $]x,\infty[$ ist. Eine $\mathbb{R}$-wertige Zufallsgröße heißt unimodal bezüglich einer Stelle x, wenn ihre Verteilung es ist. Ist eine Verteilung unimodal bzgl. x, so heißt x ein Modus.* $\qquad\square$

Da wir in diesem Abschnitt absolut stetige Verteilungen betrachten, ist die folgende Bemerkung hilfreich (vgl. [DJ-D88, (iii), S. 2]).

3.3 Bemerkung: *Eine absolut stetige Verteilung auf $\mathbb{R}$ ist genau dann unimodal bezüglich einer Stelle x, wenn sie eine Dichte f besitzt, die wachsend auf $]-\infty,x[$ und fallend auf $]x,\infty[$ ist.* $\quad\square$

Der folgende Satz liefert Aussagen über das effektive Niveau spezieller kritischer Funktionen. Diese kritischen Funktionen haben die Eigenschaft, dass sie bei nahezu gleichen und vom hypothetischen Erwartungswert μ verschiedenen Beobachtungen einen Wert $\geq \beta$ annehmen; bei hinreichend großem β wird die Hypothese demnach mit großer Wahrscheinlichkeit verworfen. Als Resultat erhalten wir untere Schranken für das effektive Niveau. Diese Schranken, die wir für zwei verschiedene Verteilungsannahmen herleiten, sind im ungünstigsten Fall gleich β und somit u. U. groß.

3.4 Satz: *Es seien $\mathcal{P}_1$ die Menge aller absolut stetigen Wahrscheinlichkeitsmaße auf $]-1,1[$ und $\mathcal{P}_2$ die Menge aller unimodalen Verteilungen aus $\mathcal{P}_1$. Für $j \in \{1,2\}$, $n \in \mathbb{N}$ und $\mu \in]-1,1[$ seien $\mathcal{P}_j^n := (P^{\otimes n} : P \in \mathcal{P}_j)$ ein Modell auf $]-1,1[^n$ und $\mathcal{P}_{j,\mu}$ die Menge aller $P \in \mathcal{P}_j$ mit $\kappa(P) := \int x\,dP(x) = \mu$. Des Weiteren seien $a \in]-a_j(-\mu), a_j(\mu)[\backslash \{0\}$ und $0 < \delta < 1 - |\mu + a|$ mit*

$$a_1(\mu) := 1 - \mu, \quad a_2(\mu) := 1 - |\mu|. \tag{14}$$

Es seien $\beta \in [0,1]$ und φ eine kritische Funktion mit der Eigenschaft

$$\inf_{|x_i - (\mu+a)| \leq \delta} \varphi(x_1,\ldots,x_n) \geq \beta. \tag{15}$$

Dann ist das effektive Niveau von φ für die Hypothese $\mathcal{P}_{j,\mu}$

$$\alpha := \sup_{P \in \mathcal{P}_{j,\mu}} P^{\otimes n}\varphi \geq \lambda_j^n \beta, \tag{16}$$

16

wobei

$$\lambda_1 := \begin{cases} \frac{\mu+1}{\mu+a+1}, & a \in \,]0,a_1(\mu)[, \\ \frac{1-\mu}{1-(\mu+a)}, & a \in \,]-a_1(-\mu),0[, \end{cases} \qquad \lambda_2 := \begin{cases} \frac{\mu+1-a+\delta}{\mu+1+a+\delta}, & a \in \,]0,a_2(\mu)[, \\ \frac{1-\mu+a+\delta}{1-\mu-a+\delta}, & a \in \,]-a_2(-\mu),0[. \end{cases} \qquad (17)$$

Ist (15) für a beliebig nahe bei 0 erfüllt, erhalten wir

$$\alpha \geq \beta. \qquad (18)$$

Beweis: Es seien $\mu \in \,]-1,1[$ und $\beta \in [0,1]$. Im Fall $j=1$ zeigen wir zunächst die Behauptung für positives a. Für $a \in \,]0,a_1(\mu)[$ und $0 < \delta < 1-|\mu+a|$ gelte (15). Mit einem beliebigen $0 < \varepsilon < \frac{\mu+1}{2}$ und $\lambda := \frac{\mu+1-\varepsilon}{\mu+a+1-\varepsilon}$ betrachten wir[9]

$$P := \lambda \, \mathrm{U}_{]\mu+a-\delta,\mu+a+\delta[} + (1-\lambda) \, \mathrm{U}_{]-1,-1+2\varepsilon[} \, .$$

Offenbar ist $\lambda \in \,]0,1[$ und somit P ein Wahrscheinlichkeitsmaß. Mit den Einschränkungen von a, δ und ε gilt $P \in \mathcal{P}_1$ und wegen

$$\kappa(P) = \lambda(\mu+a) + (1-\lambda)(-1+\varepsilon) = \lambda(\mu+a+1-\varepsilon) - 1 + \varepsilon = \mu$$

sogar $P \in \mathcal{P}_{1,\mu}$. Es gilt

$$P \geq \lambda \, \mathrm{U}_{]\mu+a-\delta,\mu+a+\delta[} \, .$$

Mit der charakterisierenden Eigenschaft des Produktmaßes erhalten wir daher

$$P^{\otimes n} \geq \lambda^n \, \mathrm{U}^{\otimes n}_{]\mu+a-\delta,\mu+a+\delta[} \quad \text{auf} \quad \mathcal{I}^n := \{\,]c,d] : c,d \in \mathbb{R}^n, c \leq d\}.$$

Da $\mathcal{I}^n$ ein Halbring über $\mathbb{R}^n$ ist, folgt mit dem Vergleichssatz (vgl. [Els09, 5.8, S. 61])

$$P^{\otimes n} \geq \lambda^n \, \mathrm{U}^{\otimes n}_{]\mu+a-\delta,\mu+a+\delta[} \quad \text{auf} \quad \sigma(\mathcal{I}^n) = \mathcal{B}(\mathbb{R}^n).$$

Wegen $\varphi \geq 0$ erhalten wir mittels dem Aufbau der messbaren Funktionen und (15)

$$P^{\otimes n}\varphi = \int \varphi(x)dP^{\otimes n}(x) \geq \lambda^n \int \varphi(x)d\,\mathrm{U}^{\otimes n}_{]\mu+a-\delta,\mu+a+\delta[}(x) \geq \lambda^n\beta$$

und somit (16), da wir ε beliebig wählen konnten.

Die Behauptung für negatives a folgt nun mittels Spiegelung. Für $a \in \,]-a_1(-\mu),0[$ und $0 < \delta < 1-|\mu+a|$ gelte (15). Wir setzen $\tilde{\mu} := -\mu$, $\tilde{a} := -a$ und $\tilde{\varphi}(x_1,\ldots,x_n) := \varphi(-x_1,\ldots,-x_n)$. Mit dieser Setzung ist $\tilde{\mu} \in \,]-1,1[$, $\tilde{a} \in \,]0,a_1(\tilde{\mu})[$ und $\tilde{\varphi}$ eine kritische Funktion, die wir hinsichtlich der Hypothese $\mathcal{P}_{1,\tilde{\mu}}$ betrachten. Wir überprüfen nun (15) mit $\tilde{\mu}$ statt μ, $\tilde{a}$ statt a und $\tilde{\varphi}$ statt φ. Mit einigen leichten Umformungen und der Voraussetzung erhalten wir

$$\inf_{|x_i-(\tilde{\mu}+\tilde{a})|\leq\delta} \tilde{\varphi}(x_1,\ldots,x_n) = \inf_{|x_i+\mu+a|\leq\delta} \varphi(-x_1,\ldots,-x_n)$$

$$= \inf_{|-x_i+\mu+a|\leq\delta} \varphi(x_1,\ldots,x_n)$$

$$= \inf_{|x_i-(\mu+a)|\leq\delta} \varphi(x_1,\ldots,x_n)$$

$$\geq \beta.$$

---

[9]Für $-\infty < c < d < \infty$ bezeichnen wir mit $\mathrm{U}_{]c,d[}$ die Gleichverteilung auf dem Intervall $]c,d[$.

Damit ist die Voraussetzung des bereits bewiesen Teils erfüllt und wir erhalten als Konklusion

$$\sup_{P\in\mathcal{P}_{1,\bar{\mu}}} P^{\otimes n}\tilde{\varphi} \geq \lambda_1^n \beta$$

mit $\lambda_1 = \frac{\bar{\mu}+1}{\bar{\mu}+\bar{a}+1} = \frac{1-\mu}{1-(\mu+a)}$. Betrachten wir die Spiegelung $(P^{\check{\otimes}n}) := (x \mapsto -x) \square P^{\otimes n}$ so liefert die Beziehung[10]

$$\sup_{P\in\mathcal{P}_{1,\bar{\mu}}} P^{\otimes n}\tilde{\varphi} = \sup_{P\in\mathcal{P}_{1,\bar{\mu}}} (P^{\check{\otimes}n})\varphi = \sup_{P\in\mathcal{P}_{1,\mu}} P^{\otimes n}\varphi$$

schließlich die Behauptung.

Auch den Fall $j = 2$ betrachten wir zunächst für positives a. Für $a \in \,]0, a_2(\mu)[$ und $0 < \delta < 1 - |\mu + a|$ gelte (15). Mit $\lambda := \lambda_2$ betrachten wir

$$P := \lambda\, \mathrm{U}_{]\mu+a-\delta,\mu+a+\delta[} + (1-\lambda)\, \mathrm{U}_{]-1,\mu+a-\delta[}\,.$$

Wegen $0 < a < 1 - |\mu|$ und $\delta > 0$ ist $\lambda \in \,]0, 1[$ und somit P ein Wahrscheinlichkeitsmaß. Außerdem ist P nach Bem. 3.3 unimodal bezüglich $\mu + a - \delta$. Mit den Einschränkungen von a und δ gilt somit $P \in \mathcal{P}_2$. Insgesamt erkennen wir mit

$$\kappa(P) = \lambda(\mu+a) + (1-\lambda)\left(\frac{-1+\mu+a-\delta}{2}\right) = \lambda\left(\frac{\mu+a+1+\delta}{2}\right) + \frac{\mu+a-\delta-1}{2} = \mu,$$

dass $P \in \mathcal{P}_{2,\mu}$ gilt. Der Beweis kann nun analog zum Beweis des Falls $j = 1$ fortgeführt werden.

Die Aussage (18) ergibt sich aus (16) mit $\lambda_j \to 1$ für $a \to 0$. $\qquad\square$

Ein Spezialfall von Satz 3.4 ist die Anwendung auf Tests. Im folgenden Beispiel werden wir den t-Test hinsichtlich Eigenschaft (15) im nichttrivialen Fall $\beta = 1$ untersuchen.

Beispiel: Es seien $j \in \{1, 2\}$, $\mu \in \,]-1, 1[$, $n \in \mathbb{N}\setminus\{1\}$ und $\bar{\alpha} \in \,]0, 1[$. Für die Hypothese $\mathcal{P}_{j,\mu}$ und die Alternative $\mathcal{P}_j \setminus \mathcal{P}_{j,\mu}$ betrachten wir den zweiseitigen t-Test

$$\psi_\mu(x) := \left(\left|\frac{\sqrt{n}(\bar{x}_n - \mu)}{s_n}\right| \geq F_{t_{n-1}}^{-1}\left(1 - \frac{\bar{\alpha}}{2}\right)\right).$$

Dabei ist $\bar{x}_n := n^{-1}\sum_{i=1}^{n} x_i$ eine Realisierung des Stichprobenmittelwerts, $s_n^2 := (n-1)^{-1}\sum_{i=1}^{n}(x_i - \bar{x}_n)^2$ eine Realisierung der Stichprobenvarianz und $F_{t_{n-1}}^{-1}$ bezeichnet die Quantilfunktion der t-Verteilung mit $n - 1$ Freiheitsgraden. Wir zeigen nun, dass für jedes $a \in \,]0, a_j(\mu)[$ ein $\delta \in \,]0, 1 - |\mu + a|[$ existiert, sodass

$$\inf_{|x_i-(\mu+a)|\leq\delta} \psi_\mu(x_1,\ldots,x_n) = 1 \tag{19}$$

gilt. Nach Satz 3.4 hat ψ_μ dann effektives Niveau $\alpha = 1$. Für $\delta < a$ seien alle Beobachtungen $x_1,\ldots,x_n$ im Intervall $]\mu+a-\delta, \mu+a+\delta[$. Dann liegt μ links von diesem Intervall und es gilt

$$|\bar{x}_n - \mu| \geq |\mu + a - \delta - \mu| = a - \delta.$$

---

[10]Mit $f \square \nu$ bezeichnen wir das Bildmaß eines Maßes ν unter einer messbaren Abbildung f.

Zur Abschätzung der Stichprobenvarianz s_n^2 nehmen wir nun $\mu = 0$ an. Für gerades n ist diese kleiner als wenn jeweils die Hälfte der Beobachtungen an der linken bzw. der rechten Intervallgrenze liegen würden. Wir erhalten somit

$$s_n^2 \leq \frac{1}{n-1} \left(\sum_{i=1}^{n/2} (a - \delta - a)^2 + \sum_{i=1}^{n/2} (a + \delta - a)^2 \right) = \frac{n}{n-1} \delta^2.$$

Zur Abschätzung bei ungeradem n verteilen sich die Werte wieder gleichmäßig auf die Intervallgrenzen und ein Wert liegt in der Intervallmitte. Es ist daher

$$s_n^2 \leq \frac{1}{n-1} \left(\sum_{i=1}^{(n-1)/2} (a - \delta - a)^2 + \sum_{i=1}^{(n-1)/2} (a + \delta - a)^2 \right) = \delta^2.$$

In jedem Fall erhalten wir

$$s_n \leq \delta \sqrt{\frac{n}{n-1}}$$

und somit für die Statistik des t-Tests

$$\left| \frac{\sqrt{n}(\bar{x}_n - \mu)}{s_n} \right| \geq \frac{\sqrt{n-1}}{\delta} (a - \delta).$$

Mit $F^{-1} := F_{t_{n-1}}^{-1} \left(1 - \frac{\bar{\alpha}}{2} \right)$ ist demzufolge

$$\frac{\sqrt{n-1}}{\delta} (a - \delta) \geq F^{-1}$$

eine hinreichende Bedingung für (19). Dies ist äquivalent zu

$$\delta \leq \frac{a\sqrt{n-1}}{F^{-1} + \sqrt{n-1}}. \tag{20}$$

Wegen $F^{-1} > 0$ ist stets $\delta < a$ erfüllt. Zu jedem $a \in \,]0, a_j(\mu)[$ können wir nun ein $\delta > 0$ gemäß (20) wählen, sodass (19) erfüllt ist. O. E. kann dieses δ in $]0, 1 - |\mu + a|[$ gewählt werden. Nach (18) hat ψ_μ somit Niveau $\alpha = 1$. Ein analoges Ergebnis erhält man für die einseitigen t-Tests.$\Box$

Bemerkung: Das Ergebnis des Beispiels gilt für jedes $n \in \mathbb{N} \setminus \{1\}$ und stellt somit eine Verbesserung von [LL90, Thm. 2, S. 180] dar, denn dort wird lediglich

$$\sup_{P \in \mathcal{P}_{1,0}} P^{\otimes n} \psi_0 = 1 \quad \text{für hinreichend große } n \in \mathbb{N} \tag{21}$$

bewiesen. Eigentlich wird (21) in [LL90] für den einseitigen t-Test bewiesen. Der Beweis lässt sich jedoch auf den zweiseitigen t-Test übertragen $\hfill \Box$

Im Folgenden wollen wir die Resultate aus Satz 3.4 für Tests mittels der Dualität auf Konfidenzbereiche übertragen.

3.5 Satz: *Es sei* $\mu \in \,]-1,1[$. *Mit den Voraussetzungen von Satz 3.4 bis einschließlich* (14) *sei C ein Konfidenzbereich für das Schätzproblem* $(\mathcal{P}_j^n, \kappa)$ *mit der Eigenschaft*

$$\mu \notin C(x) \quad \text{für } x \in \,]-1,1[^n \text{ mit } |x_i - (\mu + a)| \leq \delta. \tag{22}$$

Dann ist mit λ_j *wie in* (17)

$$\gamma := \inf_{P \in \mathcal{P}_j} P^{\otimes n}(\kappa(P) \in C) \leq \inf_{P \in \mathcal{P}_{j,\mu}} P^{\otimes n}(\mu \in C) \leq 1 - \lambda_j^n. \tag{23}$$

Gilt (22) *für a beliebig nahe bei* 0, *erhalten wir*

$$\gamma = \inf_{P \in \mathcal{P}_{j,\mu}} P^{\otimes n}(\mu \in C) = 0. \tag{24}$$

Beweis: Nach der Dualität von Tests und Konfidenzbereichen (vgl. Abschnitt 1) ist $\varphi := (\mu \notin C)$ ein Test für die Hypothese $\kappa^{-1}(\{\mu\}) = \mathcal{P}_{j,\mu}$. Wegen (22) erfüllt dieser Test die Eigenschaft (15) mit $\beta = 1$. Folglich gilt mit λ_j wie in (17)

$$\sup_{P \in \mathcal{P}_{j,\mu}} P^{\otimes n}\varphi \geq \lambda_j^n$$

und somit

$$\inf_{P \in \mathcal{P}_{j,\mu}} P^{\otimes n}(\mu \in C) = 1 - \sup_{P \in \mathcal{P}_{j,\mu}} P^{\otimes n}(\mu \notin C) = 1 - \sup_{P \in \mathcal{P}_{j,\mu}} P^{\otimes n}\varphi \leq 1 - \lambda_j^n.$$

Die andere Ungleichung in (23) ist klar und die Aussage (24) ergibt sich aus (23) mit $\lambda_j \to 1$ für $a \to 0$. $\qquad\square$

Satz 3.5 schließt die Existenz bestimmter Konfidenzbereiche für den Erwartungswert bei verschiedenen Verteilungsannahmen $\mathcal{P}_j$ aus. Dennoch lassen sich Konfidenzbereiche, die Eigenschaft (22) nicht erfüllen, angeben. Eine Auswahl solcher Konfidenzbereiche wird in Abschnitt 4 behandelt.

In Satz 3.4 haben wir u. a. gezeigt, dass für verschiedene Testprobleme das effektive Niveau α spezieller kritischer Funktionen unabhängig vom Stichprobenumfang n größer gleich einer unteren Schranke β ist. Dies ist dann der Fall, wenn die zugrundeliegende Verteilungsannahme $\mathcal{P}$ „relativ groß" ist. Spezieller haben wir gezeigt, dass das Niveau des t-Tests bei bestimmten Verteilungsannahmen gleich 1 ist. Dabei haben wir mit den absolut stetigen unimodalen Verteilungen auf $]-1,1[$ die kleinste Verteilungsannahme getroffen. Die Betrachtung aller absolut stetigen log-konkaven Verteilungen auf $]-1,1[$ wäre eine weitere naheliegende Einschränkung der Verteilungsannahme.

Im Artikel [SHD09] wird gezeigt, dass die Menge der log-konkaven Verteilungen als alternative Verteilungsannahme zur Normalverteilungsannahme betrachtet werden kann, da beide bestimmte Eigenschaften gemeinsam haben. So impliziert laut [SHD09] die schwache Konvergenz innerhalb dieser Verteilungsannahmen die Konvergenz bezüglich des Totalvariationsabstands, die Konvergenz beliebiger Momente und die punktweise Konvergenz der Laplace-Transformierten. Alle Resultate werden im Mehrdimensionalen behandelt. Außerdem zeigen die Autoren die Existenz eines nichttrivialen Konfidenzbereichs für beliebige Momente innerhalb dieser Menge.

Im Folgenden werden wir sehen, dass für die Menge $\mathcal{P}$ aller log-konkaven Verteilungen auf der reellen Achse ein negatives Resultat wie in Satz 3.4 nicht gelten kann. Dazu zeigen wir, dass die Folge $(\psi_\mu^{(n)})$ der einseitigen t-Tests auf dieser Menge *gleichmäßig robust* ist, im Sinne von

$$\sup_{P \in \mathcal{P}_\mu} P^{\otimes n} \psi_\mu^{(n)} \to \bar{\alpha} \quad \text{für} \quad n \to \infty. \tag{25}$$

Dabei ist $\bar{\alpha}$ ein vorgegebenes Niveau, $\psi_\mu^{(n)}$ der Test aus (27) und $\mathcal{P}_\mu$ die Menge aller $P \in \mathcal{P}$ mit Erwartungswert $\mu \in \mathbb{R}$. Um die gleichmäßige Robustheit im log-konkaven Fall zu zeigen, benutzen wir Lem. 3.7 und Satz 3.6, die wir aus [Rom04, S. 577 & Thm. 5 (i), S. 580] übernehmen. Bei der Übertragung von [Rom04, Thm. 5 (i)] auf Satz 3.6 wende man in unserer Notation den dortigen Beweis auf $(x \mapsto x - \mu) \,\square\, P$ für $P \in \mathcal{P}_\mu$ an.

3.6 Satz: *Es seien $\mu \in \mathbb{R}$, $\mathcal{P}$ eine Menge von Wahrscheinlichkeitsmaßen auf $\mathbb{R}$ und $\mathcal{P}_\mu$ die als nicht leer angenommene Menge aller $P \in \mathcal{P}$ mit Erwartungswert $\kappa(P) = \mu$. Des Weiteren seien $X := \mathrm{id}_\mathbb{R}$ und $\sigma(P)$ die Standardabweichung von P. Für $\mathcal{P}$ sei die Integrationsbedingung*

$$\lim_{\rho \to \infty} \sup_{P \in \mathcal{P}} P \left(\frac{|X - \kappa(P)|^2}{\sigma^2(P)} \left(\frac{|X - \kappa(P)|}{\sigma(P)} > \rho \right) \right) = 0 \tag{26}$$

erfüllt. Im Modell $\mathcal{P}^n = (P^{\otimes n} : P \in \mathcal{P})$, $n \geq 2$, betrachten wir die Hypothese $\mathcal{P}_\mu$ und die Alternative $\mathcal{P}_{>\mu} := \{P \in \mathcal{P} : \kappa(P) > \mu\}$. Dann ist die Folge $(\psi_\mu^{(n)})$ der einseitigen t-Tests mit

$$\psi_\mu^{(n)}(x) := \left(\frac{\sqrt{n}(\bar{x}_n - \mu)}{s_n} \geq F_{t_{n-1}}^{-1}\left(1 - \bar{\alpha}\right) \right), \quad x \in \mathbb{R}^n, \tag{27}$$

gleichmäßig robust. $\qquad\qquad\square$

Das nachfolgende Lemma liefert eine für (26) hinreichende Bedingung. Im Artikel [LL90, S. 181] wird das Resultat von Satz 3.6 mit der zusätzlichen Annahme absolut stetiger Verteilungen und Bedingung (28) als Voraussetzung teilweise bewiesen. Ihren Beweis messen die Autoren T. Severini bei. Laut [Rom04, S. 580] ist Bedingung (26) in gewisser Weise die schwächste Voraussetzung an $\mathcal{P}$, um gleichmäßige Robustheit des t-Tests zu erhalten.

3.7 Lemma: *Mit den Bezeichnungen aus Satz 3.6 sei $\mathcal{P}$ eine Menge von Wahrscheinlichkeitsmaßen auf $\mathbb{R}$ mit gleichmäßig beschränkten standardisierten absoluten $(2 + \varepsilon)$-ten Momenten, d. h. es gibt ein $\varepsilon > 0$ und ein $M > 0$ mit*

$$P \left(\frac{|X - \kappa(P)|^{2+\varepsilon}}{\sigma^{2+\varepsilon}(P)} \right) \leq M, \quad P \in \mathcal{P}. \tag{28}$$

Dann erfüllt $\mathcal{P}$ Bedingung (26).

Beweis: Für $X := \mathrm{id}_{\mathbb{R}}$ und ein beliebiges $P \in \mathcal{P}$ sei $Y := \frac{|X-\kappa(P)|}{\sigma(P)}$ und $\varepsilon > 0$. Offenbar gilt für $\rho > 0$ die Ungleichung

$$\rho^{\varepsilon} Y^2 (|Y| > \rho) \leq |Y|^{2+\varepsilon}.$$

Mittels Integration und der Voraussetzung gilt

$$P\left(Y^2(|Y| > \rho)\right) \leq \frac{M}{\rho^{\varepsilon}}.$$

Dies liefert schließlich die Behauptung. $\qquad\square$

Wir werden nun zeigen, dass die Menge aller log-konkaven Verteilungen für $p \geq 1$ gleichmäßig beschränkte standardisierte absolute p-te Momente hat, die Folge der t-Tests somit nach Lem. 3.7 und Satz 3.6 auf dieser Menge gleichmäßig robust ist. Obwohl uns hier nur Verteilungen auf $\mathbb{R}$ interessieren, werden wir ein allgemeineres Resultat für Verteilungen auf $\mathbb{R}^d$, $d \in \mathbb{N}$, herleiten. Zunächst führen wir eine allgemeine Definition für log-konkave Verteilungen auf $\mathbb{R}^d$ ein (vgl. [Bor74, Def. 1.1, S. 239] im Fall $s = 0$ und mit $E = \mathbb{R}^d$).

Im Folgenden setzen wir für Teilmengen A und B von $\mathbb{R}^d$ und eine reelle Zahl $t \geq 0$ wie üblich $tA := \{tx : x \in A\}$ und $A + B := \{x + y : x \in A, y \in B\}$. Für eine Verteilung P auf $\mathbb{R}^d$ bezeichnen wir mit $P_*(A) := \sup\{P(K) : K \subseteq A \text{ kompakt}\}$ das *innere Maß* von A.

3.8 Definition: *Eine Verteilung P auf $\mathbb{R}^d$ heißt log-konkav, wenn für alle A, $B \in \mathcal{B}(\mathbb{R}^d)$ und für jedes $t \in {]}0,1{[}$ die Ungleichung*

$$P_*(tA + (1-t)B) \geq P(A)^t P(B)^{1-t} \tag{29}$$

gilt. Eine $\mathbb{R}^d$-wertige Zufallsgröße heißt log-konkav, falls ihre Verteilung es ist. $\qquad\square$

Bemerkung: In obiger Definition steht das innere Maß, da laut [ESt70] die Summe $A + B$ zweier Borelmengen nicht notwendig eine Borelmenge sein muss. $\qquad\square$

Zum Beweis des Satzes 3.10 benötigen wir das folgende Lemma. Es handelt sich um einen Spezialfall des Lemmas von Borell (vgl. [Bor74, Lem. 3.1, S. 245] im Fall $s = 0$ und mit $E = \mathbb{R}^d$). Der hier aufgeführte Spezialfall wird beispielsweise auch in [MS86, III.3, S. 135] angegeben. Die in beiden Quellen angegebenen Beweise sind hier in ausgearbeiteter Form zusammengetragen. Wir bezeichnen mit A^c das Komplement einer Menge A.

3.9 Lemma: *Es sei P eine log-konkave Verteilung auf $\mathbb{R}^d$. Dann gilt für jede symmetrische konvexe Menge $A \in \mathcal{B}(\mathbb{R}^d)$ mit $\theta := P(A) > \frac{1}{2}$*

$$P((tA)^c) \leq \theta \left(\frac{1-\theta}{\theta}\right)^{(t+1)/2} \qquad \text{für jedes} \quad t \geq 1.$$

Beweis: Wir zeigen zunächst die Inklusion

$$\frac{2}{t+1}(tA)^c + \frac{t-1}{t+1}A \subseteq A^c.$$ (30)

Dazu seien $a \in A$ und $x \in (tA)^c$. Unter der Annahme $a' := \frac{2}{t+1}x + \frac{t-1}{t+1}a \in A$ ist wegen der Konvexität und der Symmetrie von A

$$x = t\left(\frac{t+1}{2t}a' + \frac{t-1}{2t}(-a)\right) \in tA.$$

Dieser Widerspruch liefert $a' \in A^c$ und somit (30). Da P log-konkav ist, erhalten wir mit (30) und (29)

$$1 - \theta = P(A^c) = P_*(A^c) \geq P_*\left(\frac{2}{t+1}(tA)^c + \frac{t-1}{t+1}A\right) \geq P((tA)^c)^{2/(t+1)}\, P(A)^{(t-1)/(t+1)}$$

und somit

$$P((tA)^c) \leq (1-\theta)^{(t+1)/2}\theta^{-(t-1)/2} = \theta\left(\frac{1-\theta}{\theta}\right)^{(t+1)/2}.$$

$\square$

Im Folgenden bezeichnen wir mit $|\cdot|$ die euklidische Norm und mit $\langle\cdot,\cdot\rangle$ das Standardskalarprodukt des $\mathbb{R}^d$ sowie mit Γ die Gammafunktion. Des Weiteren verwenden wir die Konvention, dass alle Zufallsgrößen auf einem (hinreichend großen) Wahrscheinlichkeitsraum $(\Omega, \mathcal{F}, \mathbb{P})$ definiert sind und bezeichnen mit $\mathbb{E}$ den Erwartungswertoperator.

3.10 Satz: *Es gibt absolute Konstanten C_1 und C_2 derart, dass für einen beliebigen log-konkaven $\mathbb{R}^d$-wertigen Zufallsvektor X und für jedes $p \geq 1$ die Ungleichungen*

$$(\mathbb{E}|X|^p)^{1/p} \leq C_1\,(\Gamma(p+1))^{1/p}\,\mathbb{E}|X| \leq C_2 p \mathbb{E}|X| < \infty$$ (31)

gelten.

Beweis: Für $X = 0$ $\mathbb{P}$-f. s. sind die Ungleichungen in (31) klar, daher können wir $\mathbb{E}|X| > 0$ annehmen. Die letzte Ungleichung folgt aus [Bor74, Thm. 3.1, S. 245] im Fall $s = 0$ mit $\varphi = |\cdot|$ und $E = \mathbb{R}^d$ (dieser Fall bezieht sich gerade auf die hier betrachteten log-konkaven Verteilungen auf $\mathbb{R}^d$ bzw. die $\mathbb{R}^d$-wertigen log-konkaven Zufallsgrößen). Demnach gilt $\mathbb{E}(\exp(\varepsilon|X|)) < \infty$ für hinreichend kleines $\varepsilon > 0$, d. h. die momentenerzeugende Funktion der Zufallsgröße $|X|$ existiert auf einer ε-Umgebung der Null. Aus der Potenzreihendarstellung der momentenerzeugenden Funktion folgt die Existenz aller Momente von $|X|$, also insbesondere $\mathbb{E}|X| < \infty$.

Die folgende Beweismethode ist dem Beweis von [AGLLOPT-J12, Lem. 7.3, S. 16] entnommen. Nach der Markov-Ungleichung (vgl. [GSt77, Lem. 1.18.1, S. 97]) gilt für $c \in\,]0, \infty[$

$$\mathbb{P}(|X| \geq c\mathbb{E}|X|) \leq 1/c$$

und somit

$$\theta := \mathbb{P}(|X| < c\mathbb{E}|X|) = 1 - \mathbb{P}(|X| \geq c\mathbb{E}|X|) \geq 1 - 1/c.$$ (32)

Die Menge $A := \{x \in \mathbb{R}^d : |x| < c\mathbb{E}|X|\}$ ist messbar, symmetrisch und konvex und für $c > 2$ ist $\theta > 1/2$. Mit $X \sim P$, Lem. 3.9 und (32) gilt daher für jedes $t \geq 1$ und jedes $c > 2$

$$\mathbb{P}\left(|X| \geq ct\mathbb{E}|X|\right) = P(\mathbb{R}^d \setminus tA) \leq \theta \left(\frac{1-\theta}{\theta}\right)^{(t+1)/2} \leq \frac{c-1}{c}(c-1)^{-(t+1)/2}.$$

Integration z. B. mit [H-J94, (4.2.8), S. 252] und der Substitution $t \mapsto 2t/\log(c-1)$ liefert

$$\begin{aligned}
\mathbb{E}|X|^p/(c\mathbb{E}|X|)^p &= \int_0^\infty pt^{p-1}\mathbb{P}\left(|X| \geq ct\mathbb{E}|X|\right)\, dt \\
&\leq \int_0^1 pt^{p-1}\, dt + \frac{\sqrt{c-1}}{c}\int_1^\infty pt^{p-1}(c-1)^{-t/2}\, dt \\
&= 1 + \frac{\sqrt{c-1}}{c}\int_1^\infty pt^{p-1}\exp\left(-\frac{t}{2}\log(c-1)\right)\, dt \\
&\leq 1 + 2^p\left(\log(c-1)\right)^{-p}\frac{\sqrt{c-1}}{c}\Gamma(p+1).
\end{aligned} \tag{33}$$

Damit erhalten wir mit $\sqrt{c-1}/c \leq \frac{1}{2}$ für $c > 2$

$$\begin{aligned}
(\mathbb{E}|X|^p)^{1/p} &\leq c\mathbb{E}|X|\left(1 + 2^{p-1}\left(\log(c-1)\right)^{-p}\Gamma(p+1)\right)^{1/p} \\
&\leq c\mathbb{E}|X|\left(1 + \frac{2}{\log(c-1)}\left(\Gamma(p+1)\right)^{1/p}\right) \\
&\leq C_1\left(\Gamma(p+1)\right)^{1/p}\mathbb{E}|X|
\end{aligned}$$

mit z. B. $C_1 = c + \frac{2c}{\log(c-1)}$.

Wir zeigen nun die zweite Ungleichung in (31). Mit der Funktionalgleichung der Gammafunktion und der Stirlingschen Formel erhalten wir

$$\Gamma(p+1) = p\Gamma(p) = \sqrt{2\pi p}\, p^p\, e^{-p+\mu(p)}, \quad 0 < \mu(p) < 1/(12p).$$

Logarithmieren und die Anwendung der Ungleichungen $\log(\sqrt{2\pi p})/p \leq \log(\sqrt{2\pi})$ und $1/(12p^2) \leq 1/12$ für $p \geq 1$ ergeben somit

$$\begin{aligned}
\log\left(\left(\Gamma(p+1)\right)^{1/p}\right) &\leq \frac{1}{p}\left(\log(\sqrt{2\pi p}) + p\log(p) - p + 1/(12p)\right) \\
&\leq \log(\sqrt{2\pi}) + \log(p) - 11/12.
\end{aligned}$$

Exponenzieren liefert schließlich die Behauptung mit z. B. $C_2 = C_1 e^{-11/12}\sqrt{2\pi}$. $\qquad\square$

Bemerkung: Die minimalen Werte der Konstanten betragen $C_1 \approx 11.1343$ und $C_2 \approx 11.1596$ für $c \approx 3.5697$ und eignen sich daher nicht zur unten durchgeführten Fehlerabschätzung. $\quad\square$

Für das folgende Korollar benötigen wir noch eine Definition, die wir aus [ALLPT-J11, S. 10] übernehmen.

Definition und Bemerkung: Eine $\mathbb{R}^d$-wertige Zufallsgröße X heißt *isotrop*, wenn

$$\mathbb{E}\langle X,y\rangle = 0 \quad \text{und} \quad \mathbb{E}|\langle X,y\rangle|^2 = |y|^2 \quad \text{für jedes} \quad y \in \mathbb{R}^d$$

gilt. Man rechnet leicht nach, dass die isotropen Zufallsvektoren zentriert sind und die Einheitsmatrix als Kovarianz-Matrix haben. Im Fall $d = 1$ sind dies gerade die standardisierten Zufallsgrößen. $\quad\square$

3.11 Korollar: *Es gibt absolute Konstanten C_1 und C_2 derart, dass für einen beliebigen isotropen log-konkaven $\mathbb{R}^d$-wertigen Zufallsvektor X und für jedes $p \geq 1$ die Ungleichungen*

$$(\mathbb{E}|X|^p)^{1/p} \leq C_1\sqrt{d}\,(\Gamma(p+1))^{1/p} \leq C_2\sqrt{d}\,p \tag{34}$$

gelten. Die Konstanten C_1 und C_2 sind z. B. wie in der vorstehenden Bemerkung bzw. wie im Beweis von Satz 3.10.

Beweis: Aus der Isotropie von X folgt $\mathbb{E}X_i^2 = 1$, $i = 1,\dots,d$. Mit der Lyapounov-Ungleichung erhalten wir daher

$$\mathbb{E}|X| \leq \left(\mathbb{E}|X|^2\right)^{1/2} = \sqrt{d}. \tag{35}$$

Die Behauptung folgt nun direkt aus (31). $\quad\square$

Bemerkung: Wir bemerken noch, dass für eine absolute Konstante $\tilde{C}$ die Ungleichungen (34) zumindest für $p \geq 2$ durch

$$(\mathbb{E}|X|^p)^{1/p} \leq \tilde{C}\left(\sqrt{d}+p\right)$$

ersetzt werden können (laut [ALLPT-J11, Thm. 3.1 und Rem. 1]). $\quad\square$

In Kor. 3.11 haben wir gezeigt, dass für $p \geq 1$ die p-ten Momente der euklidischen Norm isotroper log-konkaver Zufallsvektoren gleichmäßig beschränkt sind. Die Menge der log-konkaven $\mathbb{R}$-wertigen Zufallsgrößen hat somit für $p \geq 1$ gleichmäßig beschränkte standardisierte absolute p-te Momente. Nach Lem. 3.7 und Satz 3.6 ist der t-Test somit auf der Menge aller log-konkaven Verteilungen gleichmäßig robust. Da dieses Resultat nirgends in der hier herangezogenen Literatur auftritt, formulieren wir das Ergebnis nochmals in einem Satz.

3.12 Satz: *Es sei $\mathcal{P}$ die Menge aller log-konkaven Verteilungen auf der reellen Achse. Dann ist die Folge der t-Tests $(\psi_\mu^{(n)})$ aus (27), im Sinne von (25), gleichmäßig robust.*

Beweis: Die Behauptung folgt direkt aus Kor. 3.11 mit $d = 1$, Lem. 3.7 und Satz 3.6. Dabei wenden wir Kor. 3.11 auf die standardisierten Zufallsgrößen an. $\qquad\square$

Satz 3.12 scheint eine Verbesserung bekannter Resultate zu sein oder wurde zumindest als Anwendung von Lem 3.7 in keiner der zitierten Quellen behandelt. In [LL90, S. 182-183] werden verschiedene Verteilungsannahmen $\mathcal{P}$ betrachtet, die (28) erfüllen und mit Satz 3.6 somit die gleichmäßige Robustheit des t-Tests liefern. U. a. wird dort die Menge aller absolut stetigen symmetrischen log-konkaven Verteilungen als Beispiel für $\mathcal{P}$ genannt.

Ebenso war das Resultat in der Arbeit [SHD09] wohl nicht bekannt. Die Autoren beweisen zwar die Existenz nichttrivialer Konfidenzbereiche für beliebige Momente mehrdimensionaler log-konkaver Verteilungen und sind damit viel allgemeiner als die vorliegende Arbeit, geben jedoch keine expliziten Konfidenzbereiche an. Mit Satz 3.12 und der Dualität von Tests und Konfidenzbereichen können wir nun sogar das Studentsche-Konfidenzintervall für den Erwartungswert als *asymptotisches Konfidenzintervall* im entsprechenden Modellrahmen nahelegen. Um zu entscheiden, ob dieses Konfidenzintervall auch auf endliche Stichprobenumfänge anwendbar ist, bedarf es einer Aussage über die Konvergenzgüte in Satz 3.12.

Im Wesentlichen ist die Aussage von Satz 3.6 und somit von Satz 3.12 darauf zurückzuführen, dass die t-Statistik unter den entsprechenden Voraussetzungen asymptotisch standardnormalverteilt ist. Wir hätten nun gerne eine qualitative Aussage über die Konvergenzgüte mittels einer Berry-Esseen-Schranke. Für unabhängige Zufallsgrößen gibt es verschiedene Berry-Esseen-Schranken für die t-Statistik. Wir verwenden im Folgenden eine Schranke aus [Sha05] für unabhängige Zufallsgrößen, wobei wir uns auf den Fall identisch verteilter Zufallsgrößen beschränken.

3.13 Satz: *Für* $n \in \mathbb{N}\setminus\{1\}$ *seien* $X, X_1, \ldots, X_n$ *unabhängig identisch verteilte log-konkave* $\mathbb{R}$*-wertige Zufallsgrößen mit* $\mathbb{E}X = 0$ *und* $\sigma^2 := \mathbb{E}X^2 < \infty$. *Des Weiteren seien* $\bar{X}_n := n^{-1}\sum_{i=1}^n X_i$ *der Stichprobenmittelwert,* $S_n^2 := (n-1)^{-1}\sum_{i=1}^n (X_i - \bar{X}_n)^2$ *die Stichprobenvarianz und* $T_n := \sqrt{n}\bar{X}_n/S_n$ *die Statistik des einseitigen* t*-Tests zum Stichprobenumfang* n *mit* $T_n := 0$ *auf* $\{S_n = 0\}$. *Dann gilt für* $2 < p \leq 3$ *und absolute Konstanten* C_i, $i = 1, \ldots, 4$,

$$|\mathbb{P}(T_n \leq z) - \Phi(z)| < \frac{25}{n^{(p-2)/2}}C_1^p\Gamma(p+1) + \frac{C_3}{n-1} \tag{36}$$

$$\leq \frac{25}{n^{(p-2)/2}}C_2^p p^p + \frac{C_3}{n-1} \tag{37}$$

$$\leq \frac{C_4}{n^{(p-2)/2}}p^p, \quad z \in \mathbb{R}. \tag{38}$$

Dabei sind die Konstanten C_1, C_2 *z. B. wie in der Bem. vor Kor. 3.11,* C_3 *wie in (42) und* $C_4 = 25C_2^3 + \sqrt{2}C_3$.

Beweis: Wir setzen $V_n^2 := \sum_{i=1}^n X_i^2$ und $Z_n := n\bar{X}_n/V_n$ mit $Z_n := 0$ auf $\{V_n = 0\} \cup \{S_n = 0\} = \{S_n = 0\}$. Mit [Sha05, Thm. 1.1 (1.4)] erhalten wir im Fall identisch verteilter Zufallsgrößen für $2 < p \leq 3$

$$|\mathbb{P}(Z_n \leq z) - \Phi(z)| \leq 25n^{(2-p)/2}\sigma^{-p}\mathbb{E}|X|^p, \quad z \in \mathbb{R}. \tag{39}$$

Mit $S_n^2 = \frac{n}{n-1} \left(\frac{1}{n} \sum_{i=1}^{n} X_i^2 - \bar{X}_n^2 \right)$ erhalten wir

$$T_n = \frac{\sqrt{n}\bar{X}_n}{S_n} = \frac{\sqrt{n}\bar{X}_n}{\sqrt{\frac{n}{n-1}} \left(\frac{1}{n} V_n^2 - \bar{X}_n^2 \right)^{1/2}} = \frac{n\bar{X}_n}{V_n} \left(\frac{n-1}{n - (n\bar{X}_n/V_n)^2} \right)^{1/2} = Z_n \left(\frac{n-1}{n - Z_n^2} \right)^{1/2}. \quad (40)$$

Man beachte, dass wegen $Z_n = 0$ auf $\{S_n = 0\}$ und der Cauchy-Schwarz-Ungleichung $|Z_n| < \sqrt{n}$ gilt. Nach (40) ist T_n eine streng monoton wachsende Transformation von Z_n. Die Umkehrfunktion dieser Transformation ist gegeben durch $f^{-1}(z) := z/\sqrt{1 + (z^2 - 1)/n}$, $z \in \mathbb{R}$. Ersetzen wir in (39) nun z durch $f^{-1}(z)$, erhalten wir für $2 < p \leq 3$

$$|\mathbb{P}(T_n \leq z) - \Phi_n(z)| \leq 25 n^{(2-p)/2} \sigma^{-p} \mathbb{E}|X|^p, \quad z \in \mathbb{R}, \quad (41)$$

wobei $\Phi_n(z) := \Phi\left(z/\sqrt{1 + (z^2 - 1)/n} \right)$. Nach [Pin12, Prop. 1.4] gilt für $n \geq 2$ und $z \in \mathbb{R}$ die Abschätzung

$$|\Phi(z) - \Phi_n(z)| < \frac{C_3}{n-1}, \quad C_3 := \left(k - \frac{1}{2} \right) e^{-k} \sqrt{\frac{k}{\pi}}, \quad k := 1 + \frac{\sqrt{3}}{2}. \quad (42)$$

Dabei ist $C_3 \approx 0.162$ die bestmögliche Konstante. Insgesamt erhalten wir mit (41), (42) und der Dreiecksungleichung

$$|\mathbb{P}(T_n \leq z) - \Phi(z)| < \frac{25}{n^{(p-2)/2}} \mathbb{E}|X/\sigma|^p + \frac{C_3}{n-1}. \quad (43)$$

Da X log-konkav ist und X/σ wegen $\mathbb{E}X = 0$ standardisiert ist, gelten wegen (34) mit $d = 1$ und (43) die Ungleichungen (36) und (37). Mit der Abschätzung

$$\frac{1}{n-1} = \frac{1}{n^{(p-2)/2}} \frac{n^{(p-2)/2}}{n-1} \leq \frac{1}{n^{(p-2)/2}} \frac{n^{1/2}}{n/2} \leq \frac{\sqrt{2}}{n^{(p-2)/2}}$$

erhalten wir schließlich (38). $\qquad\square$

Bemerkung: Aufgrund der relativ großen Konstante C_1 aus Satz 3.10 liefert Satz 3.13 keine gute Fehlerschranke. Da im Beweis von Satz 3.10 viele Abschätzungen vorgenommen wurden, ist es naheliegend, ein Zwischenresultat im günstigen Fall $p = 3$ zur Abschätzung heranzuziehen. Betrachten wir die Ungleichung (33) für $p = 3$, erhalten wir mit $\mathbb{E}|X/\sigma| \leq 1$ (siehe (35) mit $d = 1$)

$$\mathbb{E}|X/\sigma|^3 \leq c^3 + \frac{48 c^2 \sqrt{c-1}}{\log^3(c-1)}.$$

Der Minimalwert dieser Schranke wird für $c \approx 4.635$ angenommen und beträgt etwa 1014.13. Demzufolge ergibt sich auch mit diesem Zwischenresultat und (43) keine geeignete Fehlerschranke. Verbesserungen könnten nun durch Abwandlung des Beweises von Satz 3.10 sowie durch Nutzung anderer Berry-Esseen-Schranken erreicht werden. So wurde beispielsweise bei der hier verwendeten Schranke die log-Konkavität der Zufallsgrößen nicht berücksichtigt. $\quad\square$

4 Einige Konfidenzintervalle für den Erwartungswert

Wir geben nun zu einer beliebigen reellen Zahl $\lambda > 1$ vier verschiedene $(1 - \lambda^{-2})$-Konfidenzintervalle für den Erwartungswert μ an und vergleichen diese miteinander. Dabei sind die zugrundeliegenden Verteilungsannahmen unterschiedlich stark eingeschränkt. So betrachten wir in 1 und 2 eine Familie von Verteilungen mit gleichmäßig beschränkten Varianzen. In 3 nehmen wir zusätzlich Unimodalität (vgl. Def. 3.2) und Symmetrie, in 4 Unimodalität der n-ten Faltungspotenz an. Da die Verteilungsannahmen in Satz 3.5 gleichmäßig beschränkte Varianzen haben, können wir die Konfidenzintervalle in 1 und 2 für diese Verteilungsannahmen verwenden. Für beide Konfidenzintervalle gilt die Aussage (23) nicht, demnach können sie die Voraussetzung (22) nicht erfüllen, „schrumpfen also erst recht nicht auf fast den Beobachtungsmittelwert zusammen bei nahezu gleichen Beobachtungen", im Gegensatz zum Studentschen-Konfidenzintervall beispielsweise. Wegen der zusätzlichen Annahmen lassen sich die Konfidenzintervalle in 3 und 4 nicht auf die Verteilungsannahmen in Satz 3.5 anwenden. Trotzdem wollen wir diese mit den anderen beiden vergleichen und sehen, ob unter diesen zusätzlichen Annahmen eine Verbesserung erreicht werden kann.

Es seien nun $X, X_1, \ldots, X_n$ unabhängig identisch verteilte Zufallsgrößen mit Erwartungswert $\mu \in \mathbb{R}$ und Varianz $\operatorname{Var} X \leq \sigma^2$, $\sigma \in {]0, \infty[}$. Wir bezeichnen in diesem Abschnitt mit $\bar{X}_n$ den Stichprobenmittelwert und mit S_n^2 die Varianz der empirischen Verteilung. Es ist somit[11]

$$\bar{X}_n := \frac{1}{n} \sum_{i=1}^{n} X_i, \quad S_n^2 := \frac{1}{n} \sum_{i=1}^{n} (X_i - \bar{X}_n)^2.$$

1. (Konfidenzintervall nach Chebyshev)   Mit der Chebyshev-Ungleichung

$$\mathbb{P}\left((\bar{X}_n - \mu)^2 \geq k^2\right) \leq \frac{\operatorname{Var} \bar{X}_n}{k^2} \leq \frac{\sigma^2}{nk^2}, \quad k \in {]0, \infty[}$$

erhalten wir mittels Komplementierung und $k = \lambda \sigma / \sqrt{n}$

$$\mathbb{P}\left((\bar{X}_n - \mu)^2 < \lambda^2 \sigma^2 / n\right) \geq 1 - \lambda^{-2}. \tag{44}$$

Mit weiteren Umformungen erhalten wir für μ das $(1 - \lambda^{-2})$-Konfidenzintervall

$$\left] \bar{X}_n - \frac{\lambda \sigma}{\sqrt{n}}, \bar{X}_n + \frac{\lambda \sigma}{\sqrt{n}} \right[. \tag{45}$$

$\square$

2. (Konfidenzintervall nach Guttman)   Nach dem Artikel [Gut48] ist für $n \geq 2$

$$\left] \bar{X}_n - \left(\frac{S_n^2}{n-1} + \lambda \sigma^2 \sqrt{\frac{2}{n(n-1)}} \right)^{1/2}, \bar{X}_n + \left(\frac{S_n^2}{n-1} + \lambda \sigma^2 \sqrt{\frac{2}{n(n-1)}} \right)^{1/2} \right[\tag{46}$$

---

[11]Man beachte, dass in diesem Abschnitt S_n^2 anders definiert ist als in den Abschnitten zuvor.

ein $(1 - \lambda^{-2})$-Konfidenzintervall für μ. Im Folgenden werden wir die dortige Herleitung etwas ausführlicher darlegen.

Dazu betrachten wir für eine beliebige Konstante $c \in \mathbb{R}$ die Zufallsgröße

$$U := (\bar{X}_n - \mu)^2 - \frac{S_n^2}{n-1} - c\sigma^2 \tag{47}$$

und zeigen zunächst

$$\mathbb{E}U^2 \leq \sigma^4 \left(\frac{2}{n(n-1)} + c^2 \right). \tag{48}$$

Mit $\mathbb{E}U = -c\sigma^2$ und $\mathbb{E}U^2 = \operatorname{Var}U + (\mathbb{E}U)^2$ genügt es, die Ungleichung

$$\operatorname{Var}U = \mathbb{E}\left((\bar{X}_n - \mu)^2 - \frac{S_n^2}{n-1} \right)^2 \leq \frac{2\sigma^4}{n(n-1)} \tag{49}$$

zu zeigen. Wir setzen o. E. $\mu = 0$ und erhalten mit $S_n^2 = \frac{1}{n}\sum_{i=1}^{n} X_i^2 - \bar{X}_n^2$

$$
\begin{aligned}
\mathbb{E}\left(\bar{X}_n^2 - \frac{S_n^2}{n-1} \right)^2 &= \frac{1}{(n-1)^2} \mathbb{E}\left((n-1)\bar{X}_n^2 - \frac{1}{n}\sum_{i=1}^{n} X_i^2 + \bar{X}_n^2 \right)^2 \\
&= \frac{1}{(n-1)^2} \mathbb{E}\left(n\bar{X}_n^2 - \frac{1}{n}\sum_{i=1}^{n} X_i^2 \right)^2 \\
&= \frac{1}{(n-1)^2} \mathbb{E}\left(\frac{1}{n}\left(\sum_{i=1}^{n} X_i\right)^2 - \frac{1}{n}\sum_{i=1}^{n} X_i^2 \right)^2 \\
&= \frac{1}{(n-1)^2} \mathbb{E}\left(\frac{1}{n}\sum_{i,j=1,i\neq j}^{n} X_i X_j \right)^2 \\
&= \frac{2n(n-1)}{n^2(n-1)^2} \mathbb{E}X_1^2 \, \mathbb{E}X_2^2 \\
&\leq \frac{2\sigma^4}{n(n-1)},
\end{aligned}
$$

also (49) und somit (48). Nach der Markov-Ungleichung gilt

$$\mathbb{P}(|U| \geq \lambda\sqrt{\mathbb{E}U^2}) \leq \lambda^{-2}$$

und somit

$$\mathbb{P}(-\lambda\sqrt{\mathbb{E}U^2} < U < \lambda\sqrt{\mathbb{E}U^2}) \geq 1 - \lambda^{-2}.$$

Einsetzen von (47) und Abschätzen mittels (48) liefert

$$
\begin{aligned}
\mathbb{P}\Bigg(\frac{S_n^2}{n-1} + c\sigma^2 - \lambda\sigma^2\sqrt{\frac{2}{n(n-1)} + c^2} &< (\bar{X}_n - \mu)^2 \\
&< \frac{S_n^2}{n-1} + c\sigma^2 + \lambda\sigma^2\sqrt{\frac{2}{n(n-1)} + c^2} \Bigg) \geq 1 - \lambda^{-2}
\end{aligned}
$$

und folglich

$$\mathbb{P}\left((\bar{X}_n - \mu)^2 < \frac{S_n^2}{n-1} + c\sigma^2 + \lambda\sigma^2\sqrt{\frac{2}{n(n-1)} + c^2} \right) \geq 1 - \lambda^{-2}. \tag{50}$$

Umstellen von (50) mit $c = 0$ nach μ zeigt, dass (46) ein $(1 - \lambda^{-2})$-Konfidenzintervall ist. Wir hätten den Beweis auch direkt mit $c = 0$ führen können, weisen jedoch noch auf eine Verbesserung von (46) hin, die mittels optimaler Wahl von c erreicht werden kann. Man rechnet leicht nach, dass die rechte Seite in der Klammer in (50) für $c = -\sqrt{2/(n(n-1)(\lambda^2-1))}$ minimal wird. Damit wird (50) zu

$$\mathbb{P}\left((\bar{X}_n - \mu)^2 < \frac{S_n^2}{n-1} + \sigma^2\sqrt{\frac{2(\lambda^2-1)}{n(n-1)}} \right) \geq 1 - \lambda^{-2}.$$

Ersetzen wir also in (46) λ durch $\sqrt{\lambda^2 - 1}$, erhalten wir eine nach der hier betrachteten Herleitung maximale Verkürzung des dortigen Konfidenzintervalls. $\square$

Wir wollen nun die beiden Konfidenzintervalle miteinander vergleichen. Dazu betrachten wir der Einfachheit halber die erwarteten quadrierten Radien, die wir den Darstellungen in (44) und (50) mit $c = 0$ entnehmen.

4.1 Satz: *Das Guttman-Intervall (46) hat genau dann einen kleineren erwarteten quadrierten Radius als das Chebychev-Intervall (45), wenn für das Konfidenzniveau $1 - \bar{\alpha} := 1 - \lambda^{-2}$*

$$1 - \bar{\alpha} > 1 - \left(\sqrt{\frac{n}{2(n-1)}} + \sqrt{\frac{n}{2(n-1)} + 1} \right)^{-2} =: f(n) \tag{51}$$

gilt.

Beweis: Für den erwarteten quadrierten Radius des Guttman-Intervalls (46) gilt die Ungleichung

$$\mathbb{E}\left(\frac{S_n^2}{n-1} + \lambda\sigma^2\sqrt{\frac{2}{n(n-1)}} \right) \leq \sigma^2\left(\frac{1}{n} + \lambda\sqrt{\frac{2}{n(n-1)}} \right). \tag{52}$$

Wir bilden nun den Quotienten aus der rechten Seite von (52) und $\lambda^2\sigma^2/n$ und erhalten

$$\left(1 + \lambda\sqrt{2n/(n-1)} \right)/\lambda^2. \tag{53}$$

Dieser Ausdruck ist echt kleiner 1, wenn die Ungleichung

$$0 < \lambda^2 - \lambda\sqrt{2n/(n-1)} - 1$$

erfüllt ist. Da λ positiv ist, ist diese Ungleichung äquivalent zu

$$\lambda > \sqrt{\frac{n}{2(n-1)}} + \sqrt{\frac{n}{2(n-1)} + 1}.$$

Weitere äquivalente Umformungen liefern schließlich (51). $\square$

Bemerkung: Da f aus (51) monoton fallend ist, gilt $f(2) \geq f(n)$ für jedes $n \geq 2$. Damit ist unabhängig vom Stichprobenumfang n das Guttman-Intervall (46) dem Chebychev-Intervall (45) für jedes Konfidenzniveau $1 - \bar{\alpha} \geq 0.829 > 1 - (1 + \sqrt{2})^{-2} = f(2)$ vorzuziehen.

Da das Verhältnis der erwarteten quadrierten Radien (53) fallend in n ist, gelten die Abschätzungen

$$\left(1 + \lambda\sqrt{2}\right)/\lambda^2 \leq \left(1 + \lambda\sqrt{2n/(n-1)}\right)/\lambda^2 \leq (1 + 2\lambda)/\lambda^2, \quad n \geq 2.$$

Somit liegt das Verhältnis z. B. bei einem Niveau von 0.99 (dies entspricht $\lambda = 10$) zwischen $(1 + 10\sqrt{2})/100 < 0.152$ und $21/100 = 0.21$. Da der Quotient (53) auch fallend in λ und somit eine fallende Funktion des Niveaus $1 - \lambda^{-2}$ ist, verringern sich diese Werte mit steigendem Niveau. Für das häufig verwendete Niveau 0.95 (dies entspricht $\lambda = \sqrt{20}$) liegt der Quotient (53) zwischen $(1 + \sqrt{40})/20 < 0.367$ und $(1 + 2\sqrt{20})/20 > 0.497$. $\qquad\square$

Die beiden folgenden Konfidenzintervalle lassen sich aus der Gauss-Ungleichung bzw. aus der Vysochanskiĭ-Petunin-Ungleichung herleiten. Beide Ungleichungen findet man z. B. bei [DJ-D88, Thm. 1.11 bzw. Thm. 1.12] oder auch bei [Puk94].

Neben den Annahmen zu Beginn des Abschnitts seien die Zufallsgrößen $X, X_1, \ldots, X_n$ in 3 zusätzlich unimodal und symmetrisch verteilt und in 4 derart, dass die Verteilung von $\bar{X}_n$ unimodal ist. Laut [Sat93] kann die Faltung zweier unimodal identisch verteilter Zufallsgrößen unendlich viele Modi haben. Da wir $\bar{X}_n$ unimodal in 4 benötigen, würde die Annahme X unimodal nicht ausreichen.

3. (Konfidenzintervall nach Gauss) Es sei ν ein Modus einer unimodalen Zufallsgröße X und $\tau^2 := \mathbb{E}(X - \nu)^2$ die erwartete quadrierte Abweichung vom Modus. Für eine beliebige reelle Zahl $r > 0$ ist die Gauss-Ungleichung gegeben durch

$$\mathbb{P}(|X - \nu| \geq r) \leq \begin{cases} \frac{4\tau^2}{9r^2}, & r \geq \sqrt{4/3}\,\tau, \\ 1 - \frac{r}{\sqrt{3}\tau}, & r \leq \sqrt{4/3}\,\tau. \end{cases} \tag{54}$$

Die zweite Ungleichung in (54) liefert bestenfalls eine Schranke von $1/3$, eignet sich daher nicht zur Konstruktion eines Konfidenzintervalls zu einem in der heutigen Statistik üblichen Niveau. Daher betrachten wir im Folgenden nur noch die erste Ungleichung aus (54). Da X zusätzlich symmetrisch ist, ist der Erwartungswert μ ein Modus von X. Nach [DJ-D88, Thm. 1.6, S. 13] ist die Verteilung von $\bar{X}_n$ wieder unimodal und symmetrisch bezüglich μ. Mit der oberen Schranke σ^2 der Varianz erhalten wir mit der ersten Ungleichung in (54) angewandt auf $\nu = \mu$ und $\bar{X}_n$

$$\mathbb{P}\left(|\bar{X}_n - \mu| \geq \frac{2\lambda\sigma}{3\sqrt{n}}\right) \leq \frac{1}{\lambda^2}, \quad \lambda \geq \sqrt{3}. \tag{55}$$

Durch entsprechende Umformungen der Ungleichung in (55) erhalten wir das $(1 - \lambda^{-2})$-Konfidenzintervall

$$\left]\bar{X}_n - \frac{2\lambda\sigma}{3\sqrt{n}}, \bar{X}_n + \frac{2\lambda\sigma}{3\sqrt{n}}\right[. \tag{56}$$

Dieses Konfidenzintervall gilt für jedes $\lambda \geq \sqrt{3}$, ist jedoch erst für hinreichend große λ interessant (so ist bspw. das Niveau größer 0.9 für λ größer $\sqrt{10}$).

4. (Konfidenzintervall nach Vysochanskiĭ-Petunin) Eine Verallgemeinerung der Gauss-Ungleichung ist die Vysochanskiĭ-Petunin-Ungleichung. Mit einer unimodalen Zufallsgröße X, einer beliebigen reellen Zahl ξ und der erwarteten quadrierten Abweichung $\rho^2 := \mathbb{E}(X - \xi)^2$ ist diese gegeben durch

$$\mathbb{P}(|X - \xi| \geq r) \leq \begin{cases} \frac{4\rho^2}{9r^2}, & r \geq \sqrt{8/3}\,\rho, \\ \frac{4\rho^2}{3r^2} - \frac{1}{3}, & r \leq \sqrt{8/3}\,\rho. \end{cases} \tag{57}$$

Die zweite Ungleichung in (57) liefert bestenfalls eine Schranke von $1/6$, eignet sich daher nicht zur Konstruktion eines Konfidenzintervalls zu einem in der heutigen Statistik üblichen Niveau. Daher betrachten wir im Folgenden nur noch die erste Ungleichung aus (57). Anwendung dieser Ungleichung auf die als unimodal vorausgesetzte Zufallsgröße $\bar{X}_n$ mit $\xi = \mu$ liefert analog zu 3

$$\mathbb{P}\left(|\bar{X}_n - \mu| \geq \frac{2\lambda\sigma}{3\sqrt{n}}\right) \leq \frac{1}{\lambda^2}, \quad \lambda \geq \sqrt{6}. \tag{58}$$

Daher erhalten wir für $\lambda \geq \sqrt{6}$ das $(1 - \lambda^{-2})$-Konfidenzintervall (56). $\qquad\square$

Ab einem bestimmten Niveau liefert die Vysochanskiĭ-Petunin-Ungleichung unter geringeren Annahmen das gleiche Konfidenzintervall (56) wie die Gauss-Ungleichung. Offenbar ist dieses Konfidenzintervall besser als das Chebychev-Intervall (45), falls zusätzliche Eigenschaften der zugrundeliegenden Verteilung bekannt sind. Wir vergleichen nun noch das Guttman-Intervall (46) mit dem Vysochanskiĭ-Petunin-Intervall (56) hinsichtlich ihrer Erwartungswerte der quadrierten Radien und formulieren den Satz 4.2. Natürlich lassen sich beide Intervalle erst für $\lambda \geq \sqrt{6}$ (dies entspricht einem Niveau größer $5/6 \approx 0.84$) und unter der Annahme, dass $\bar{X}_n$ unimodal ist vergleichen.

4.2 Satz: *Es sei $\lambda \geq \sqrt{6}$. Das Guttman-Intervall (46) hat genau dann einen kleineren erwarteten quadrierten Radius als das Vysochanskiĭ-Petunin-Intervall (56), wenn für das Konfidenzniveau $1 - \bar{\alpha} := 1 - \lambda^{-2}$*

$$1 - \bar{\alpha} > 1 - \left(\frac{9}{8}\sqrt{\frac{2n}{n-1}} + \sqrt{\frac{81n}{32(n-1)} + \frac{9}{4}}\right)^{-2} =: g(n) \tag{59}$$

gilt.

Beweis: Wir bilden zunächst den Quotienten aus der rechten Seite in (52) und $4\lambda^2\sigma^2/9n$ und erhalten

$$\frac{9}{4\lambda^2}\left(1 + \lambda\sqrt{2n/(n-1)}\right). \tag{60}$$

Dieser Ausdruck ist echt kleiner 1, wenn die Ungleichung

$$0 < \lambda^2 - \frac{9}{4}\lambda\sqrt{2n/(n-1)} - \frac{9}{4}$$

erfüllt ist. Da λ positiv ist, ist dies der Fall für alle λ, die

$$\lambda > \frac{9}{8}\sqrt{\frac{2n}{n-1}} + \sqrt{\frac{81n}{32(n-1)} + \frac{9}{4}}$$

erfüllen. Weitere äquivalente Umformungen liefern schließlich (59). $\qquad\square$

Bemerkung: Da g aus (59) monoton fallend ist, erhalten wir für $n \geq 2$

$$0.96 > g(2) \geq g(n) \geq \lim_{n \to \infty} g(n) > 0.929.$$

Damit ist unabhängig vom Stichprobenumfang n für alle Niveaus $1 - \bar{\alpha} \geq 0.96$ das Guttman-Intervall (46) besser als das Vysochanskiĭ-Petunin-Intervall (56). Im Grenzwert $(n \to \infty)$ ist für alle in Frage kommenden Niveaus $1 - \bar{\alpha} \leq 0.929$ das Vysochanskiĭ-Petunin-Intervall (56) dem Guttman-Intervall (46) vorzuziehen. Umgekehrt können wir wegen $\lim_{n \to \infty} g(n) < 0.93$ im Grenzwert für alle Niveaus oberhalb von 0.93 zum Guttman-Intervall (46) raten. Für $0.93 \leq 1 - \bar{\alpha} \leq 0.96$ hängt die Entscheidung zwischen (46) und (56) vom Stichprobenumfang n, gemäß (59), ab. Auch für das häufig verwendete Konfidenzniveau $1 - \bar{\alpha} = 0.95$ ist wegen $g(3) < 0.949$ das Guttman-Intervall (46) für alle Stichprobenumfänge $n \geq 3$ besser. Für in der Anwendung sinnvolle Stichprobenumfänge $n \geq 20$ ist das Guttman-Intervall für alle Niveaus $1 - \bar{\alpha} \geq 0.933$ besser, da $g(20) < 0.933$ gilt.

Wir bemerken noch, dass wir beim Vergleich die in 3 erwähnte Verbesserung des Guttman-Intervalls nicht berücksichtigt haben. Analog zur Bem. nach Satz 4.1 könnte man nun noch das Verhältnis der erwarteten quadrierten Radien (60) genauer untersuchen oder die Intervalle hinsichtlich anderer Kriterien, z. B. ihrer erwarteten Längen, vergleichen. Wir wollen es hier jedoch bei obigem Vergleich belassen. Immerhin haben wir gesehen, dass das Vysochanskiĭ-Petunin-Intervall, trotz der zusätzlichen Annahme, schlechter ist als das Guttman-Intervall, wenn wir einen 0.95-Konfidenzbereich angeben möchten. $\qquad\square$

Literatur

[AGLLOPT-J12] ADAMCZAK, R., GUÉDON, O., LATALA, R., LITVAK, A. E., OLESZ-KIEWICZ, K., PAJOR, A., TOMCZAK-JAEGERMANN, N. (2012). Moment estimates for convex measures. *Electron. J. Probab.* **17,** no. 101, 1-19. ISSN: 1083-6489 DOI: 10.1214/EJP.v17-2150.

[ALLPT-J11] ADAMCZAK, R., LATALA, R., LITVAK, A. E., PAJOR, A., TOMCZAK-JAEGERMANN, N. (2011). Tail estimates for norms of sums of log-concave random vectors. *Preprint.* http://arxiv.org/abs/1107.4070.

[BS56] BAHADUR, R. R., SAVAGE, L. J. (1956). The nonexistence of certain statistical procedures in nonparametric problems. *Ann. Math. Statist.* **27,** 1115-1122.

[Bor74] BORELL, C. (1974). Convex measures on locally convex spaces. *Ark. Mat.* **12,** 239-252.

[DJ-D88] DHARMADHIKARI, S. W., JOAG-DEV, K. (1988). *Unimodality, Convexity, and Applications.* Academic Press.

[Don88] DONOHO, D. L. (1988). One-sided inference about functionals of a density. *Ann. Statist.* **16,** 1390-1420.

[DL91] DONOHO, D. L., LIU, R. C. (1991). Geometrizing rates of convergence, II. *Ann. Statist.* **19,** 633-667.

[Els09] ELSTRODT, J. (2009). *Maß- und Integrationstheorie.* 6., korrigierte Auflage. Springer.

[ESt70] ERDÖS, P., STONE, A. H. (1970). On the sum of two Borel sets. *Proc. Amer. Math. Soc.* **25,** 304-306.

[GSt77] GÄNSSLER, P., STUTE, W. (1977). *Wahrscheinlichkeitstheorie.* Springer.

[GH87] GLESER, L. J., HWANG, J. T. (1987). The Nonexistence of $100(1 - \alpha)\%$ Confidence sets of finite expected diameter in errors-in-variables and related models. *Ann. Statist.* **15,** 1351-1362.

[Gut48] GUTTMAN, L. (1948). A distribution-free confidence interval for the mean. *Ann. Math. Statist.* **19,** 410-413.

[H-J94] HOFFMANN-JØRGENSEN, J. (1994). *Probability with a View toward Statistics, Vol. I.* Chapman & Hall.

[LL90] LEHMANN, E. L., LOH, W.-Y. (1990). Pointwise versus uniform robustness of some large-sample tests and confidence intervals. *Scand. J. Statist.* **17,** 177-187.

[MS86] MILMAN, V. D., SCHECHTMAN, G. (1986). *Asymptotic Theory of Finite Dimensional Normed Spaces.* Lecture Notes in Math. **1200.** Springer. Berlin.

[Pfa94] PFANZAGL, J. (1994). *Parametric Statistical Theory.* De Gruyter.

[Pfa98] PFANZAGL, J. (1998). The nonexistence of confidence sets for discontinuous functionals. *J. Statist. Plann. Inference.* **75,** 9-20.

[Pin12] PINELIS, I. (2012). On the Berry-Esseen bound for the Student statistic. *Preprint.* http://arxiv.org/abs/1101.3286v2.

[Puk94] PUKELSHEIM, F. (1994). The three sigma rule. *Amer. Statist.* **48,** 88-91.

[Rom04] ROMANO, J. P. (2004). On non-parametric testing, the uniform behaviour of the t-test, and related problems. *Scand. J. Stat.* **31,** 567-584.

[Rud74] RUDIN, W. (1974). *Real and Complex Analysis.* 2nd edition. McGraw-Hill Series in Higher Mathematics.

[Sat93] SATO, K.-I. (1993). Convolution of unimodal distributions can produce any number of modes. *Ann. Probab.* **21,** 1543-1549.

[SHD09] SCHUHMACHER, D., HÜSLER, A., DÜMBGEN, L. (2011). Multivariate log-concave distributions as a nearly parametric model. *Statistics & Risk Modeling* **28,** 277-295 / DOI 10.1524/stnd.2011.1073. Oldenbourg Wissenschaftsverlag, München.

[Sha05] SHAO, Q.-M. (2005). An explicit Berry-Esseen bound for Student's t-statistic via Stein's method. *In: Stein's method and Applications,* Barbour A. D., Shen L. H. Y. (eds.). Lect. Notes Ser. Inst. Math. Sci. Natl. Univ. Singap., 143-155, volume 5. Singapore Univ. Press.